ACUPUNTURA ABDOMINAL Y CERVICAL BRASILEÑA
JORGE AYOUB

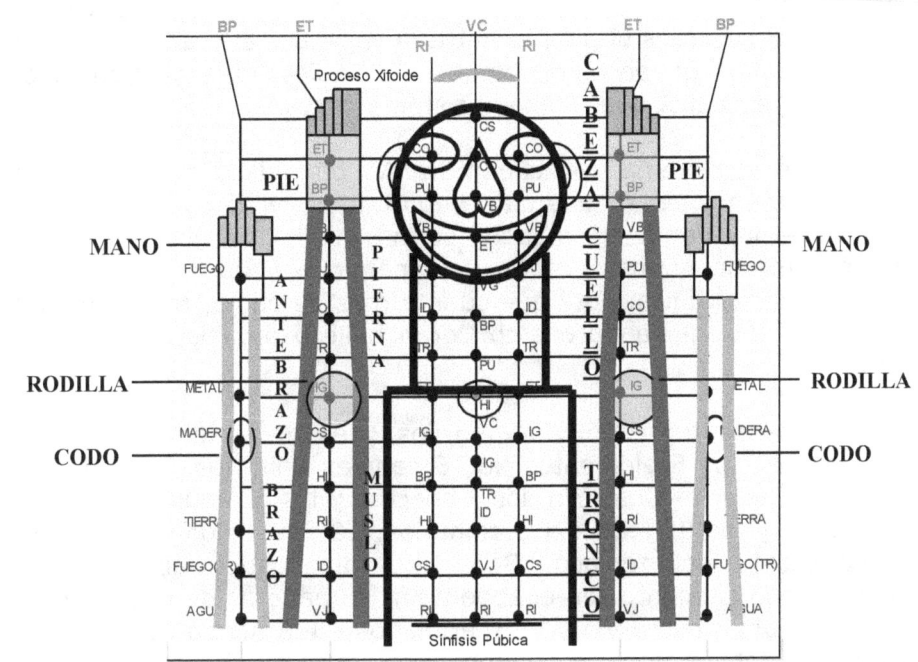

Abreviaciones de los meridianos

PU - Pulmón

IG - Intestino Grueso

ET - Estómago

BP - Bazo-Páncreas

CO - Corazón

ID - Intestino Delgado

VJ - Vejiga

RI - Riñón

CS - Circulación y Sexualidad

TR - Triple Recalentador

VB - Vesícula Biliar

HI - Hígado

VG - Vaso Gobernador

VC - Vaso Concepción

Este libro está indicado:

A todos los profesionales de Acupuntura interesados en perfeccionarse en Acupuntura Abdominal Brasileña, creación del autor durante 15 años de investigación, mucho práctica a los profesionales que aplican el masaje. La Acupuntura Cervical Brasileña es el complemento de la Acupuntura Abdominal muy usada por dichos profesionales por los rápidos resultados, y por el principio de mejora que proporciona, o sea, con el mínimo de esfuerzo se consigue el máximo resultado. El cuello es el puente entre la cabeza y el cuerpo, las energías mental y física fluyen a través de él, portando bloqueos psíquicos que afectan el cuerpo físico, afectan principalmente el cuello, que refleja el sistema nervioso.

Suelo decir que el Sistema de Acupuntura Abdominal es el grande centro, la gran avenida por donde suben y bajan energías importantes, y el cuello es el gran eje que conecta mente y cuerpo, donde el mapear se ha vuelto de gran utilidad a todos los profesionales. El sistema abdominal y cervical componen la Acupuntura Brasileña, y por mis largos años de experiencia clínica, noté que cuanto más se afloja, relaja el abdomen (yin), más el cuello (yang) tensiona, endurece con gran peligro para la salud, pues éste es un aviso de desequilibrio.

En el abdomen encontramos el yin/yang, los 3 tesoros - cielo, hombre, tierra - triple calentador, los 4 mares, los 5 elementos, los 6 canales unitarios Tai Yang - Shao Yang - Yang ming - Tai Yin - Jue Yin - Shao Yin, los 7 chacras y las glándulas correspondientes, los 8 trigramas del Baguá y los 8 vasos extraordinarios, 10 dimensiones de la Kabalah, los 12 meridianos y 12 signos del zodíaco. Bases del diagnóstico abdominal, técnicas de Acupuntura usando cinco elementos en el abdomen, 12 maneras de tratar los 12 meridianos usando el nuevo mapear, manera yin y 12 meridianos en la horizontal, manera yang sobre los trigramas y partes del cuerpo relacionados, micro sistema abdominal - cabeza, tronco y miembros en el abdomen, tratamiento de los meridianos en segmentos verticales por la circulación de los meridianos en el abdomen.

Diagnóstico por las regiones del abdomen frío/calor, rígido/flácido, seco/úmedo, a través del masaje diagnóstico abdominal que diagnostica y trata a la vez. El - ring test adaptado para el abdomen, puede tonificar y sedar usando 5 elementos en el vientre, en el abdomen se puede aplicar acupuntura, masaje, moxa, ventosa, apongs (esparadrapo con bolitas de oro o semilla), akabane, magnetoterapia, stiper, eletroacupuntura, cristales radiónicos, etc.

Historia del autor narrada por su hermana

"El objetivo de este libro es compartir los conocimientos de esta arte milenar, una rama de la medicina tradicional china que es la Acupuntura, que tiene como objetivo equilibrar y armonizar las energías del ser humano, visto que en el contexto de esta medicina, si Chi, la energía vital que impregna y penetra todo, fluye bien por los meridianos, que son canales de energía, entonces hay salud, pues si la energía fluye, la sangre acompaña y también fluye y hay salud, si la energía vital bloquea, estos canales de energía comienzan a congestionarse y las enfermedades y desequilibrios empiezan a manifestarse. El autor de este libro, en la década de los 80 tuvo problemas de salud que no conseguía resolver por los métodos de la medicina occidental, hasta que uno de los médicos lo aconsejó a que se ingresara, lo que lo llevó a consultarse con un médico chino, no convencional, que no sabía interpretar una radiografía o ecografía, pero mirando en el rostro y en la lengua, comprobando el pulso, sintiendo los puntos de alarma por el cuerpo y en el abdomen, diagnosticó de manera increiblemente fantástica, verdadera y exacta.

Le aconsejaron cambiar de dieta, tomar una mezcla de tés (hasta hoy no sabe lo que bebió), sesiones de Acupuntura y moxa, cambió los horarios de dormir y despertar, etc... y se recuperó totalmente, sin antibióticos, visto que ya no surtían efecto, pues su energía vital debilitada por la manera errada y desordenada de vivir. Luego con un impulso incontrolable de saber más, inició en la macrobiótica, donde leyó todos los libros que encontraba, y durante muchos años participó de conferencias, y en la Asociación Macrobiótica de São Paulo, vio un anuncio en el mural que lo interesó: Curso de Medicina Oriental e inmediatamente empezó a hacer un curso y después de 4 años de curso, se dedicó totalmente a perfeccionar cada vez más y a participar de todos los congresos sobre medicina china que encontraba. Tuvo la suerte de encontrar grandes maestros de la antigua medicina oriental como el maestro taoísta Liu Pai Lin con quien vivió por 9 años y aprendió mucho sobre como mejorar la salud por los entrenamientos de energía que enseñaba, Chi Kung y Tai Chi Chuan y daba valiosos consejos sobre la Acupuntura también y sobre diagnósticos en medicina china. Asistió por muchos años los seminarios del maestro macrobiótico Tomio Kiluchi, alumno de George Ohsawa, que en Brasil enseñó muchos secretos de la dieta de curación macrobiótica y tratamientos antiguos de medicina oriental a través de sus libros, conferencias y seminarios.

Esas personas tan brillantes nunca pueden ser olvidadas. Hoy, después de haber creado un nuevo sistema de Acupuntura, Acupuntura Abdominal Brasileña, se siente feliz cuando ve las personas que consiguió curar de enfermedades difíciles de curar y enfermedades incurables, por la medicina ocidental. Ésta es su mayor alegría y satisfacción, y con esta obra facilitar y enriquecer el aprendizaje y nuevos conocimientos de esta arte fantástica que es la Acupuntura."

Este libro es el resultado de la lectura de innumerables libros, muchos años de investigación, cursos y conferencias a las que asistí, muchos años investigando y practicando la Acupuntura en los procedimientos cervicales y abdominales, desarrollados por el autor y que se muestra en su totalidad en este trabajo por primera vez. Algunos mapas del abdomen por ser de aspecto más filosófico o místico, nunca han sido mostrados en los cursos de Acupuntura Abdominal, en que solamente mostraban los mapas exclusivamente terapéuticos y prácticos en folletos, apostillas, y luego se demostraba en clases prácticas.

Con este libro pretendo mostrar la magnitud y el alcance de los mapas abdominales y su relación con el cosmos y otros conocimientos de otras esferas. Durante años fui perfeccionando los diversos mapas, y no tenía idea de cuando todas esas intuiciones e impulsos para crear más mapas me dejarían descansar, pues no tuve ayuda humana para crearlos. Muchos me preguntan si ha sido demasiado trabajo haberlos creado y confieso que fue muy laborioso, pero han sido muchísimas horas de extrema felicidad con sentimiento de mucha realización, admiración y alegría interior, y espero que las personas que utilicen estos sistemas sientan lo mismo.

Dedico este trabajo a todos los que como yo disfrutan en ayudar al próximo. Traté de detallar lo máximo posible el contenido para proporcionar una mayor comprensión e interés en la Acupuntura. Me deja muy feliz ver muchos profesionales de Acupuntura consiguiendo excelentes resultados con Acupuntura Abdominal y Acupuntura del cuello (cervical) método que he desarrollado después de 15 años de investigación. Todo para mejorar el bienestar de los seres humanos, que en mi opinión, somos todos iguales más iguales de lo que imaginamos. Lo que nos diferencia es la alimentación física, mental o sea la programación mental hecha por los padres y por otras personas en el entorno que crecemos y vivimos, factores climáticos, hábitos, experiencias vividas, etc. La suma de todo esto influye en la tendencia genética que heredamos y que heredarán nuestros hijos. Entendiendo eso, acaban los prejuicios, las dificultades en las relaciones, la violencia, la terquedad y el espíritu competitivo que no es necesario y que aleja la armonía y la paz de espíritu.

Liu Pai Lin enseñó que si no hay amor entre las personas, la vida carece de sentido, porque si bien es cierto, todo lo demás es ilusión... Tolstoi dijo que mientras la humanidad coma carne, siempre habrá guerras. Ohsawa investigó y concluyó que en los lugares donde hace más calor en que se come mucha carne, hay mucha violencia y que se hace necesario haber salud y equilibrio para haber paz. Para evaluar la evolución de los habitantes de una región, observe como tratan sus mujeres, sus niños y sus animales, y observe sus hábitos alimenticios y su mentalidad, también note a partir de actos cometidos, que tipo de cosas las personas atraen para sus vidas.

Espero que la humanidad camine para la paz, para nuevos hábitos alimenticios, nueva programación mental y más amor y confianza entre las personas.
Otras obras del autor en portugués:

Libro: O Poder da Sabedoria - diário de um acupunturista
A Filosofia da medicina oriental - yin/yang y 5 elementos relacionados a nuestra salud y felicidad y la solución de los problemas de la vida y cura de enfermedades, muy útil a los que practican la medicina china, acupunturistas y nutricionistas. Más de 400 proverbios de mentes brillantes del pasado y del presente que nos ayudan a errar menos y acertar más en la vida.
El peligro de una dieta incorrecta y como producen las enfermedades e infelicidades y como escoger alimentos correctos que nos curan y nos traen salud, felicidad y alegría de vivir. Se encuentra solamente en el sitio: www.clubedeautores.com.br

Libro: Acupuntura Abdominal, Sistemica e Cervical
Muestra los puntos de Acupuntura en fotos, en chino, japonés, portugués y el histórico de cada punto, la naturaleza y combinación de los puntos, el diagnóstico por el pulso de una manera fácil, etc...

Software de Acupuntura - AccuPointer
Muestra los puntos en fotos, en números, chino, japonés, portugués, hace buscas por síntomas y la indicación de los puntos para cada enfermedad. El usuario puede escribir en el software sus conocimientos sobre los puntos y su experiencia personal.
Demostración en www.youtube.com – Jorge Ayoub

ACUPUNTURA ABDOMINAL

Empecé a interesarme por diagnóstico abdominal después de estudiar algunos mapas de diagnóstico abdominal en que ciertas regiones del vientre servían para diagnosticar y evaluar el estado general del paciente y también por la importancia que en la Medicina Oriental se da para la región central del cuerpo, principalmente la región inferior del vientre. Esta región del bajo vientre es considerada en la macrobiótica la raiz del hombre, por la relación que se hace entre los intestinos y la raíz de un árbol, por lo tanto, si una planta sufre algún daño en cualquier parte, sigue viva si su raíz está intacta, pero si la raíz es dañada, aunque la planta parezca perfecta, está amenazada. Si esta región de la raíz del hombre se debilita, todo el cuerpo se pone débil pues quien tiene equilibrio y energía en el bajo vientre dificilmente se enferma y caso se enferme pronto se recupera. Existen muchas lineas en la Medicina Oriental que analizan el abdomen para evaluar la condición y capacidad de recuperación del enfermo considerando las diferencias de temperatura en las diferentes regiones del vientre, la tonicidad, o sea: la rigidez y flacidez de los 5 principales sectores de esa región, si tiene dolor y que tipo de dolor, etc...

Después de muchos años en la macrobiótica aprendiendo la importancia de la alimentación y de la región de la raíz del hombre que es el vientre, empecé en Tai Chi Chuan en una linea Taoísta que enfatiza más la salud que el lado marcial y en vez de coordinar los movimientos con la respiración como la mayoría de otros estilos, este sistema coordina los movimientos de brazos y piernas con el bajo vientre que quedaba contrayendo y expandiendo junto con los movimientos, dejando esta región bastante viva y pulsante y nuevamente oí la misma cosa: necesitamos tener energía en el bajo vientre y mantenerlo sano y activo como un río que fluye y no como un río parado, pues agua parada en esa filosofía significa enfermedad, significando que el hombre empieza a ponerse enfermo por el centro pues la próstata, útero, ovarios e intestinos, así que nuestro equilibrio y energía vital empiezan a disminuir, esos órganos empiezan a salir del equilibrio con verdadero peligro para la salud.

Empecé a valorar más esa región, y después de muchos años practicando Acupuntura, me di cuenta que de los 8 canales psíquicos también conocidos como vasos maravillosos, en que 4 son Yang y 4 son Yin, justamente esos 4 vasos maravillosos Yin atraviesan el bajo vientre subiendo. En cierta ocasión una paciente de unos 40 años de edad me dijo que había buscado un profesional que también hacía Acupuntura y él le puso diversas agujas alrededor del ombligo, después de algunos minutos ella empezó a temblar, sudar y sentir mareos, y este profesional se asustó, quitó las agujas, y como ella se puso muy nerviosa, él le dio algo para que se acalmara. Es evidente que él no praticaba la Acupuntura clásica, pues ella me dijo que él le puso las agujas sin criterio, apenas basándose en los síntomas, pues no conocía los diagnósticos de la Medicina China, ni comprobó el pulso, lo que sería básico y primordial concluir todo el diagnóstico oriental, y sólo entonces iniciar la aplicación de las agujas.

En el libro clásico de la Medicina China, el Nei Ching, se informa que el meridiano del estómago empuja todos los otros meridianos Yang en la función de bajada de la energía y el meridiano del bazo-páncreas es el motor principal de los otros meridianos Yin en la función de subida de la energía y es evidente que, si son aplicadas agujas en esa región de la raíz sin criterio, se puede descontrolar las funciones de subida y bajada, por eso si el cambió el sentido de la energía del estómago, es evidente que la paciente haya sentido mareos, y como el bazo-páncreas, entre otras funciones controla también la apertura de los poros, debe de ser por eso que empezó a sudar. Se concluye pues que: si una técnica se ha utilizado erróneamente en el abdomen y le dio una fuerte reacción, pero negativa y perjudicial, si se usa una técnica correcta y exacta, se puede producir un efecto fuerte, pero beneficioso, equilibrador, restaurador y positivo. Empecé a preguntarme si esa región era tan importante, por qué son utilizados solamente algunos puntos?

Según mis observaciones, los puntos más usados por la mayoría de los acupuntores en la región abdominal son: VC4, VC6, VC12, ET25 y ET27. Para confirmar eso, ya leí diversos libros incluso de literatura americana y europea, algunos de ellos traducidos de Asia, y en ninguno de ellos el autor recomienda puntos como: RI12, RI17, ET29, BP14, VC2, VC11, VC15, etc... y concluí que la causa sería el no mapear esa región, pues los acupuntores usan mucho los puntos del meridiano de la vejiga en la espalda justamente porque están asignados (VJ13 = pulmón, VJ18 = hígado, etc...) así como en el pabellón de la oreja, todo el cuerpo está allí mapeado, y de la misma manera en la Acupuntura de la mano (Koryo), en que los meridianos están también allí mapeados. Entonces, tanto en la Acupuntura de la oreja o de la mano, el acupuntor mira el mapa y aplica las agujas, lo mismo vale para la Acupuntura Abdominal.

Decidí entonces mapear esa región del abdomen, inicialmente los meridianos del estómago y bazo-páncreas, pues como esa región representa el centro, y el elemento tierra también representa el centro, empecé mi trabajo por esos dos meridianos, sobretodo por el hecho de que del punto ET19 hasta ET30 son 12 puntos, decidí relacionarlos a los 12 meridianos principales. El mismo procedimiento fue hecho con el meridiano del bazo-páncreas, que del punto BP12 al BP16 son 5 puntos y decicí relacionarlos a los 5 elementos, y después de algunos años añadí el sexto elemento conocido como fuego secundario que sería el Triple-Calentador y Circulación Sexual (o Constrictor del Corazón) que pasó a ser el punto extra llamado Tituo que está a 4 sun al lado del punto VC4, en la linea del meridiano del BP.

No fue fácil mapear los puntos, pues yo no podría inventar cualquier secuencia aleatoria para los puntos, ya que ellos necesitaban una confirmación real de testimonios de pacientes, y por mi parte, de una confirmación por el pulso y comprobación de la mejoría del paciente, para ser un método verdadero y confiable. Durante varios años en que investigué, cambié el orden de varios puntos, pues verificaba sus efectos en el pulso, y cambié el orden hasta que concluyese que el punto representaba realmente el meridiano a que se destinaba, aplicaba agujas y meditaba buscando sentir la energía que la aguja aplicada producía, e hice esto también con moxas y do-in. Cuando se aprende Acupuntura con un oriental tradicional él siempre dice: primero aplica agujas en ti mismo después en los demás.

Algunos días debido a la excitación, empecé a exagerar en las investigaciones y empecé a sentirme un poco raro y decidí esperar algunos días para volver a pesquisar. Pero estaba seguro de que las aplicaciones en esa región producían un efecto fuerte y agradable. Durante los atendimientos en la clínica, seguía con mis diagnósticos tradicionales orientales como diagnóstico facial, pulsología, palpación abdominal, etc... y seguía con los mismos procedimientos cuando utilizaba la técnica de los 5 elementos en los miembros, pero la diferencia es que yo complementaba siempre con Acupuntura Abdominal. Así cuando un paciente presentaba carencia en el meridiano del riñon, meridiano del pulmón dañando hígado, etc... buscaba hacer el equilibrio por los 5 elementos por el método tradicional y haciendo el equilibrio de los 5 elementos en el vientre también, utilizando agujas y moxas dependiendo de la naturaleza de la enfermedad del paciente.

Después de mapear los meridianos del estómago y bazo-páncreas, seguí el trabajo mapeando el meridiano del Vaso Concepción y en seguida el meridiano de los riñones, completando el mapear abdominal. Podemos también equilibrar el Yin-Yang y trabajar con los 5 elementos luego el diagnóstico de pulso utilizando la Acupuntura Abdominal. Al haber ejercido sobre mí una fuerte influencia, el maestro de Tai Chi que durante años nos transmitió conocimientos taoístas, decidí incluir algunos conocimientos que aprendí sobre trigramas, 5 elementos, Yin-Yang y constelaciones relacionadas con la disposición de los puntos en el abdomen.

Al principio, solamente yo utilizaba la Acupuntura Abdominal de la manera como la había idealizado, o sea, con los puntos mapeados similarmente a los puntos del meridiano de la vejiga en la espalda y sin embargo yo ya haya visto algunas representaciones de trigramas asociadas a puntos en el abdomen, son completamente diferentes de ese mapear presentados y la manera de utilizar también es completamente diferente y yo jamás he visto ni he oído hablar de los meridianos en el vientre ser mapeados y relacionados a los meridianos como presentados en ese trabajo. Además de eso, no inventé los meridianos en el abdomen, apenas creé un método para que todos esos puntos puedan ser utilizados y que el abdomen pueda ser mucho más fácilmente utilizado de lo que es actualmente. Así como Nogier no inventó la Acupuntura auricular, apenas creó un sistema de mapear diferente del tradicional. Ya la Acupuntura de la mano fue algo más innovador y original.

Actualmente, después de muchos años tratando enfermedades con Acupuntura, dietoterapia, fitoterapia y Acupuntura Abdominal, decidí compartir ese conocimiento que me fue inspirado de lo alto, con todos los acupuntores para que puedan tener un instrumento más para realización personal y ayudar al próximo, que por cierto debe ser el objetivo de todas las artes terapeuticas. Durante muchos años estudiando macrobiótica, debo confesar que tardé 3 años más o menos para comprender profundamente el Yin-Yang y 5 elementos y a partir del momento en que se comprende profundamente estas dos herramientas, se puede orientar el paciente a curarse de cualquier enfermedad, desde que el paciente todavía tenga energía vital suficiente, y su mente no esté configurada de forma excesivamente desiquilibrada.

Me realicé cuando curé (en realidad lo correcto sería: enseñé el camino) enfermedades como diabetes, problema en la tiroides (auto inmune) hepatitis, tendinitis sin esperanza, y muchas otras enfermedades incurables que ciertas personas no creen en la curación ni siquiera viendo las pruebas del laboratorio, por lo tanto concluí que cuando se quiere creer en algo se cree sin exigir muchas pruebas y cuando no se quiere creer, incluso probando, ciertas personas se niegan a creer pues va en contra de ciertos preceptos oficiales y académicos.

En la Medicina Oriental, el paciente tiene responsabilidad y debe seguir las orientaciones y esforzarse para dejar hábitos errados antiguos y consecuentemente su manera errada de pensar y alimentarse y su terapeuta también hace su parte, utilizando sus técnicas, así trabajan mucho más en conjunto. Después de haberme puesto enfermo diversas veces y comprendiendo que cuando el cuerpo enferma, la mente realmente no está en armonía, vi en esos años muchas personas acometidas por la enfermedad porque no conseguían creer que los métodos sencillos curan, que la naturaleza cura, y que la reza, el ayuno, el perdón, que libera la mente de los resentimientos también puede curar.

Me pareció egoísmo de mi parte quedarme con este método solo para mí, y fue con gran satisfacción que empecé a pasar la técnica de la Acupuntura Abdominal para otros compañeros acupuntores y empecé a dar conferencias sobre el tema y con mucho disfrute percibí que el 99% de las personas que me escuchaban les gustó mucho el método pero como no existe nada en el universo que sea 100% Yang o Yin, o sea todo encierra polaridad, está claro que siempre habrá aquellos menos esclarecidos espiritualmente que empiezan a molestarse con el éxito ajeno y empiezan a dudar y criticar, pero felizmente la agradable realidad de los hechos y de los resultados obtenidos dejan caer por tierra todas esas dudas, y las críticas crean más discusiones y nuevas pruebas sobre el método y la verdad surgió, y eso fue beneficioso para el curso de los acontecimientos.

Pero todo eso es normal, y está de acuerdo con el principio universal de Yin e Yang que comanda las estrellas en el universo y átomos, moléculas, células de nuestro cuerpo y ocurre en todas las áreas del conocimiento humano, sin embargo quien conoce bien la filosofía oriental principalmente en el Tai Chi Chuan, sabe que cuando una fuerza contraria aparece, no debe de ir en contra de ella pero sí desviar de ella así siempre la persona que está atacando acaba por caerse. Esta filosofía cosmológica abarca todo y se aplica perfectamente en la vida, pues como decía el maestro: las personas fallan en la vida por falta de una verdadera filosofía de vida. Concluyendo mi principal objetivo en este trabajo es contribuir un poco para el arte de la Acupuntura y que mis compañeros acupuntores puedan tener un instrumento más para ayudar a restablecer la salud y el equilibrio de sus semejantes. Agradezco a Dios que me haya inspirado a crear esta obra y agradezco a todos que me ayudaron y si alguien que lee se quedó satisfecho y feliz con este sistema de Acupuntura Abdominal, éste fue mi gran objetivo. Muchas gracias a todos.

CÓMO UTILIZAR ESTE METODO DE ACUPUNTURA ABDOMINAL

Los mismos principios que valen para la Acupuntura tradicional valen para este método, así, cuando esté aplicando, recuerde las siguientes reglas: aplicar de arriba hacia abajo, en el hombre aplicar primero en el lado izquierdo, después en el derecho. En la mujer, aplicar primero en el derecho y después en el izquierdo, primero la parte externa después la interna, solamente aplicar moxas después de 1 hora a 1 hora y media después de las comidas, para tonificar aplicar en la expiración, girar más a la derecha, etc.

Si desea tratar el hígado busca el punto relacionado al hígado en el meridiano Vaso Concepción (VC), enseguida los puntos relacionados al hígado en los meridianos del riñon, estómago (ET) y finalmente como el meridiano del hígado pertenece a madera, buscar el punto relacionado al elemento madera en el meridiano del bazo-páncreas e iniciar las aplicaciones después de haber hecho todos los diagnósticos tradicionales de la Acupuntura. Si desea tonificar el meridiano del hígado, se puede tonificar los puntos madre o sea, tonificar puntos relacionados al meridiano de los riñones, pues tonificando la madre, tonifica el hijo - ley de los 5 elementos. Si la enfermedad es de origen humedad, usar más moxas preferentemente en la región abajo del VC9 y si la enfermedad es de exceso de energía o de calor, utilizar más agujas en la región por encima del ombligo, exactamente por encima del VC9. Los miembros están más relacionados al elemento tierra: los dos brazos a los lados derecho e izquierdo del meridiano del BP y las piernas a los lados derecho e izquierdo del meridiano del ET. La región superior del cuerpo está relacionada a la región arriba del VC9 y la región inferior del cuerpo abajo del VC9.

Otra ley de los 5 elementos dice que si un meridiano está en exceso, sedar el hijo. Como ejemplo digamos que se desee sedar el meridiano del pulmón. Después usar los puntos de los 5 elementos en los miembros por el método tradicional, se puede incrementar la acción usando el sistema de Acupuntura Abdominal sedando los puntos del pulmón en el vientre y sedando también los puntos relacionados al meridiano de los riñones. Más detalles en los mapas.

Se debe de evitar poner muchas agujas en la región del vientre pues en la misma se transita muchas energías y por el exceso de agujas se puede desequilibrar la energía del paciente, además no se consiguen grandes resultados poniendo muchas agujas y sí poniendo pocas escogidas con discernimiento correcto y estímulo correcto. Esto vale para la Acupuntura de una manera general.

Evitar también poner varias agujas en el meridiano del estómago en el vientre, algunas en el sentido del meridiano y otras en el sentido inverso del meridiano, y procure usar en media de 6 a 8 agujas y usar como máximo 12 agujas en la región del vientre perpendicularmente, a menos que tenga gran experiencia en Acupuntura, en los diagnósticos y entienda profundamente el origen del desequilibrio del paciente. Después del tratamiento, si las agujas han sido puestas con precisión y en lugares correctos, el paciente dice que se siente muy bien, una sensación a veces de alegría y bienestar y que su organismo fue regulado correctamente, y esto vale para la Acupuntura de una manera general y no solo en la Acupuntura Abdominal. Mi mayor felicidad es cuando ex alumnos relatan que consiguieron excelentes resultados utilizando ese sistema. Como preguntas pueden aparecer, me pongo a disposición de los lectores y me propongo a aclarar cualquier duda sobre la utilización de este método de Acupuntura Abdominal. Deseo mucha salud, éxito y realización a todos... *jorgewit@gmail.com*

ACUPUNTURA DEL CUELLO (O CERVICAL)

El cuello es el puente entra la cabeza y el cuerpo, energías mentales y físicas fluyen también por el cuello, por lo tanto bloqueos psíquicos que afectan al cuerpo físico, afectan sobretodo el cuello. La gran mayoría de personas que viven en los grandes centros urbanos, debido a las preocupaciones, tensiones, inseguridad, miedos, etc... tienen la región del cuello y su base tanto frontal como posterior que es el hombro, tensos, pues inconcientemente cargamos nuestras preocupaciones sobre nuestros hombros y cuello.

En todos estos años percibí que muchos desequilibrios del sistema nervioso acaban tensionando mucho el cuello. Podemos ver que todos los hipertensos tienen nódulos de tensión acentuados en alguna parte del cuello y podemos concluir que practicamente todos los hipertensos tienen graves desequilibrios en la tonicidad de los músculos del cuello, entretanto la persona puede tener el cuello muy tenso y no tener hipertensión, pero todo hipertenso por generalmente tener el sistema nervioso simpático y parasimpático un poco armonioso, suele tener mucha tensión en el cuello. Una enfermedad neurológica como la meningitis por ejemplo endurece el cuello y fiebres altas que llegan a molestar el cerebro con convulsiones o delirios, van siempre acompañadas de serias tensiones en el cuello.

Por lo tanto, al haber creado un sistema de Acupuntura Abdominal, suelo decir que el abdomen es el gran centro, la gran avenida por donde suben y bajan muchas energías importantes, puedo decir que me interesé en mapear también el cuello y suelo decir que el cuello es el gran eje que une mente y cuerpo y podemos tratar y curar diversos desequilibrios y traumas psíquicos por el cuello ya que se alojan en la mente pero dejan desequilibrios en el cuerpo físico principalmente en el cuello.

El cuello es un área extremamente vital, en las luchas libres y de artes marciales mixtas lo que decide el confronto es cuando un luchador encaja un golpe en el cuello por la espalda, llamado mataleón, es como un jaquemate de las luchas ya que si el luchador golpeado no desiste, la compresión de la arteria carótida y vena yugular interrumpe la circulación entre el cuerpo y el cerebro y el luchador se desmaia, si el juez no interrumpe la lucha, después de 4 minutos de compresión de este golpe en el cuello puede ser fatal y aunque no lo sea puede dejar secuela en el cerebro. En los asesinatos sin arma los policías dicen que es por estrangulamiento en el puente de la vida llamado cuello, puente este que pasa el aire vital por la tráquea, pasa el combustible de la vida que es el alimento por el esófago, que tiene nervios importantísimos "ligando energéticamente" cerebro y corazón.

También desde el punto de vista estrictamente físico, estrutural, músculo-esquelético, el cuello puede acabar sufriendo tensiones debido a la fuerte diferencia de tonicidad de los músculos paravertebrales, escoliosis, desnivel de los huesos ilíacos, en medicina china, cierta síndromes de calor/humedad que agriden los meridianos músculos-ligamentosos, dolor en los hombros, bursitis, etc...

COMO APLICAR AGUJAS EN LA REGION DEL CUELLO

El paciente se pone en posición sentada, y recomiendo que se use en el cuello las mismas agujas superfinas usadas en la Acupuntura de la mano o Acupuntura del rostro introducidas con aplicador, pues el cuello es una región muy sensible y por lo que puede comprobar estas agujas introducidas con aplicador de 1 a 2 milímetros ya dan buenos resultados, principalmente en la región frontal central en la linea del VC en la región de la prominencia laríngea y en la linea del VG de C2 a C6 puesto que en las laterales superiores del cuello hay nervios superficiales, como nervio auricular magno y más abajo nervio cutáneo transverso, que si atingidos por agujas más gruesas y de manera fuerte por el acupuntor puede causar dolores, miedo y una idea equivocada del método por parte del paciente.

Todavía en la lateral del cuello vale resaltar que está también a nivel superficial la vena yugular externa, que va desde el ángulo de la mandíbula pasando por el músculo esternocleidomastoideo (ECM) en la linea del tercio medio de la clavícula y desemboca en la unión de la vena subclavia con la vena yugular interna, que está antero lateralmente a la arteria carótida interna y es por eso que recomiendo agujas muy finas, entretanto en la región posterior del cuello en las lineas verticales a los puntos VJ10, VB20 y VB12 si profundiza 0,5 sun en media ya está muy bien, si bien que hay libros que recomienden en puntos extras en la región posterior del cuello y en el músculo ECM hasta 1 sun, no creo que se obtenga más resultados profundizando mucho, todo lo contrario, profundizando hasta 0,5 sun en la parte posterior del cuello, en las 3 lineas arriba, y en la linea central del VG de C6 a C7 de 0,1 a 0,3 sun dependiendo de la sensibilidad del paciente ya se consigue excelentes resultados. Desde mi punto de vista y por mi experiencia de largos años con abdomen, cuando se profundiza mucho, parece que el cuerpo "se defiende" y disminuye la circulación de energía provocada por la aguja y el "Te Chi" queda disminuido.

En la región frontal, los puntos están localizados sobre el músculo ECM y no en la linea del meridiano del estómago que queda en el borde. Recomiendo que solamente los acupunturistas más experientes y con una buena sensibilidad en las manos apliquen en la región frontal del cuello, y si van a aplicar en la linea central, aplicar 0,1 sun y en la región frontal en el ECM - 0,3 sun, mejor usar las laterales y región posterior del cuello, en que se puede profundizar un poco más las agujas. Para los terapeutas de masajes ese mapear es muy útil, incluso muchos se quedaron perplejos con este método. Volviendo a la Acupuntura, evitar usar más de 6 agujas en el cuello, incluso ya que está con el aplicador en las manos se puede aplicar en el pabellón auricular, relacionando Acupuntura del cuello y auricular, podiendo poner 6 agujas en el cuello y 4 en al pabellón auricular, y en el cuello poner las agujas de arriba para abajo, eso es muy importante. Yo particularmente uso 2 a 4 agujas en el cuello solamente, referente al área que necesita ser energizada, poner muchas agujas en el cuello parece que se lía un poco la energía, también se puede poner apongs, pequeños esparadrapos con semillas, esferas metálicas, etc... recomiendo usar como máximo 4 por las razones descritas arriba, pues imagine un cable grueso de telefonía con centenares de hilos dentro, el cuello recuerda un poco eso, sólo que mucho más complejo.

Los primeros acupuntores que vieron el método se preguntaron: pero no es peligroso aplicar en el cuello debido al nervio vago, frénico y ganglio estrelado? El nervio vago deriva de ramas de C4 y baja por el cuello paralelo al nervio frénico detrás del ECM, por lo tanto aplicando de 0,1 a 0,5 cm con aguja quiro-acupuntura, no habrá ningún riesgo de llegar ni cerca del nervio vago, y un poco más abajo, abajo del nivel de la clavícula tenemos el ganglio estrelado, que del mismo modo aplicando en las profundidades de 1 a 5 mm, usando aplicador y agujas de mano muy finas, no habrá riesgo. Los nervios vago (más para el lado de la prominencia laríngea) y nervio frénico están más abajo (más profundos) de los músculos superficiales y bajan paralelos a la carótida.

Al lado del lobo lateral de la tiroide está el ganglio cervicotorácico (estrelado) justo en la base del cuello más abajo de la primera costilla y al lado del ápice del pulmón, por lo tanto al usar ET12 aplicar perpendicular y no para abajo en dirección al pulmón. Para algunos autores como el Dr. Atilio Marins, introducir agujas en el punto ET9 esta prohibido pues si se profundiza mucho puede atingir el seno carotideo, que tiene un ganglio nervioso que si estimulado puede causar síncope y parada cardiaca. Para otros autores y escuelas de Acupuntura se puede usar ET9 profundizando 0,3 a 0,5 sun como máximo. Yo ya he visto muchos maestros orientales aplicando Acupuntura en esos puntos, muchos de ellos con gran experiencia en Chi Kun y con una extraordinaria sensibilidad en las manos, vi también uno de ellos tocar la aguja y enviar energía vital por la aguja y empezar a subir y bajar las piernas del paciente, un verdadero show de dominio de energía.

Un poco atrás del ECM está el músculo escaleno, nervios cervicales para el trapezio, músculo elevador de la escápula y más atrás para el lado de la nuca el trapezio, sin comentar que un poco más profundo tenemos el plexo cervical atrás del ECM y delante del elevador de la escápula y un poco arriba de la clavícula están troncos del plexo braquial. Principalmente en la base del cuello frontal hay ramas de nervios cervicales junto la fossa supraclavicular y antes de aplicar la aguja, se debe con el dedo, "encontrar la fenda" o sea un "hueco" como son llamados los puntos de Acupuntura en el oriente, entonces aplicar en ese espacio, y el paciente relata muchas sensaciones por el cuerpo, y lo contrario, la punción fuera de esos espacios provocará dolores y tendrá menos efectos terapeuticos y sensitivos.

Acupuntura del cuello, exige buenos conocimientos de anatomía y buena sensibilidad en las manos, pues si alguien resuelve ignorar instrucciones y aplicar profundamente y sin criterio en la región del cuello por pensar que conoce bien anatomía, puede ser peligroso, ya que si hinca una aguja en el ganglio estrelado, en la región del seno carotideo próximo del punto ET9, y en el nervio vago le causará problemas.

Pero puedo decir que aplicando según indicado es 100% seguro, y que los posibles accidentes son practicamente nulos, es como conducir un coche, si lo hace con prudencia y atención nunca habrá accidentes, pero si bebe y conduce con velocidad más de la permitida estará arriesgándose. Por lo tanto la posición del paciente es sentada en una silla confortable y se utiliza agujas y aplicador, como las que se usa en Acupuntura de la mano, y aplicar con el mismo cuidado y sensibilidad con que se aplica en la mano que es un área muy sensible también, y si aplica solamente en el cuello generalmente usar hasta 10 agujas como máximo, pero lo ideal es usar menos que eso.

Por lo tanto la Acupuntura del cuello ha mostrado ser eficaz en disturbios nerviosos, dolores tanto en la cabeza como en las demás partes del cuerpo, bursitis, parálisis, traumas psíquicos, bruxismo, etc... y por ser un microsistema puede ser usado para tratar cualquier síndrome aislada o relacionada con Acupuntura sistémica o otros microsistemas. Esos 50 puntos usados en la Acupuntura del cuello incluye algunos puntos de la Acupuntura sistémica y cada área del cuello a ser tratada tiene una profundidad diferente para introducir agujas, por lo tanto atención a las profundidades en cada área. Deseo a todos los acupuntores que se interesaron por este método, mucho éxito y realización interior y si este método les trae felicidad a los terapeutas y pacientes, estaré muy satisfecho, realizado e imensamente recompensado por este trabajo.

www.clinicamiracle.webs.com

Mapa de diagnóstico abdominal más antiguo que se conoce está en el Nei Ching. Libro básico de la medicina china.

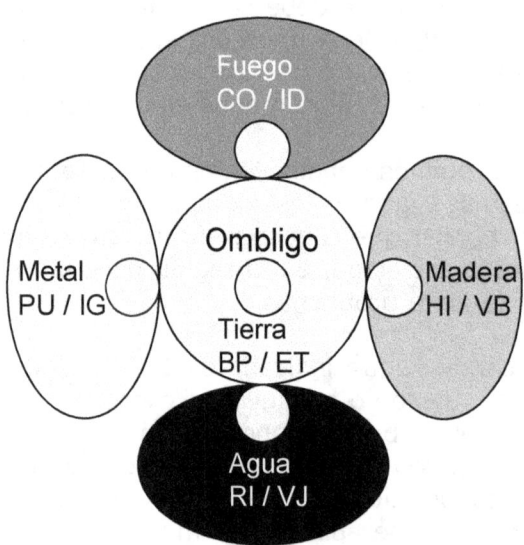

Con palpación podemos verificar el estado de rigidez y flacidez, si mejora o empeora cuando presiona, temperatura, humedad, etc.

Presentación básica de este sistema de Acupuntura Abdominal

Derechos reservados al autor de este sistema:
Jorge Ayoub

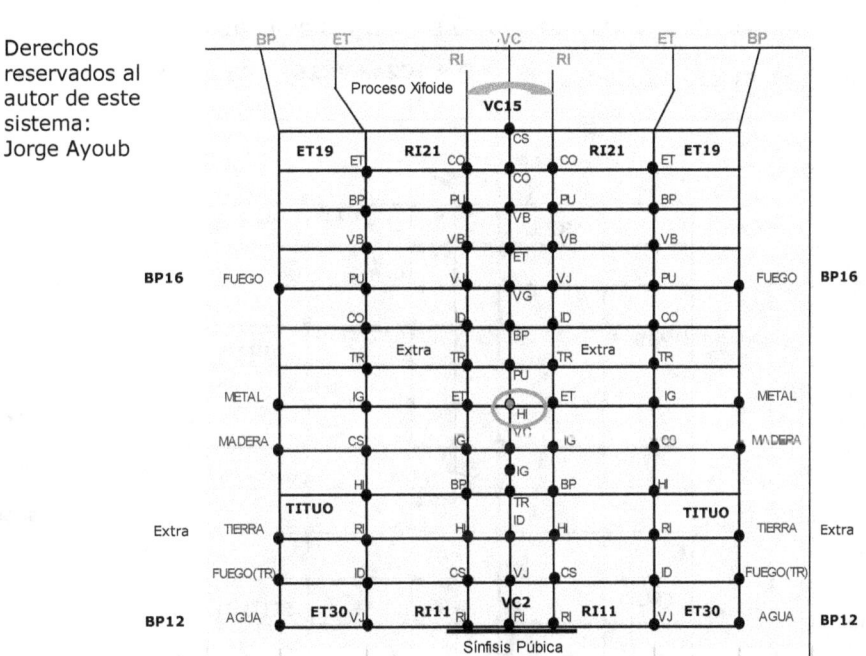

Los puntos están mapeados en el abdomen similarmente a los puntos del meridiano de la vejiga en la espalda.

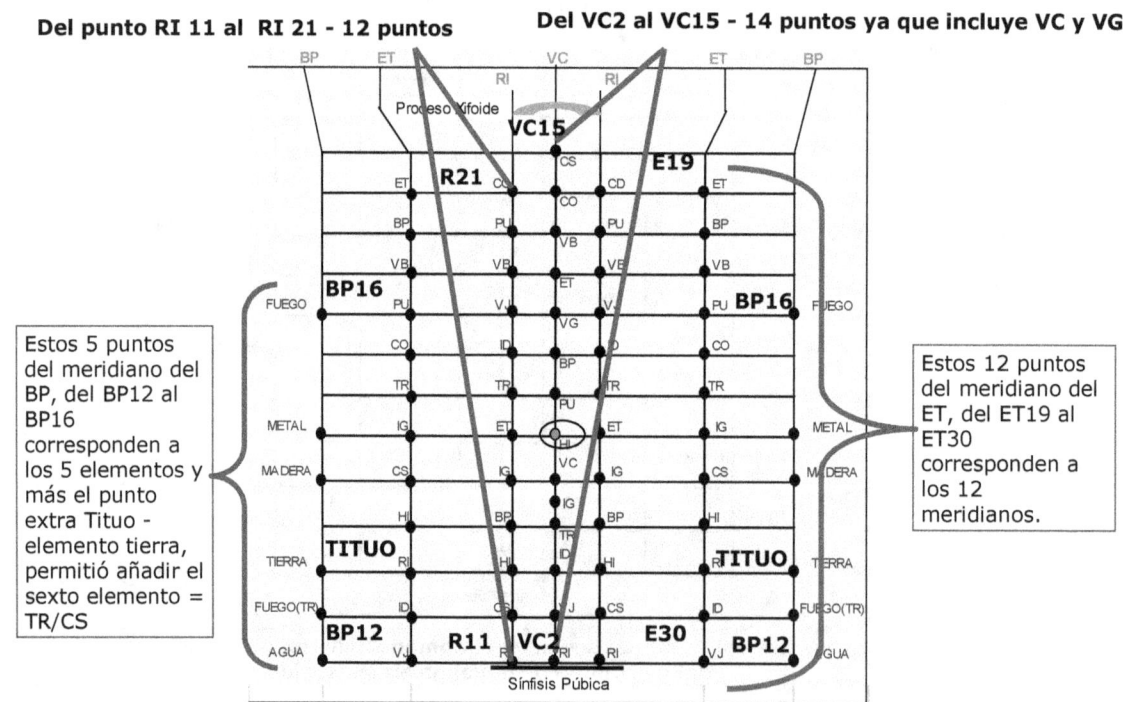

Los 12 meridianos y los 5 elementos en el abdomen

Presentación básica de este sistema de Acupuntura Abdominal

Puntos referentes al meridiano del Pulmón

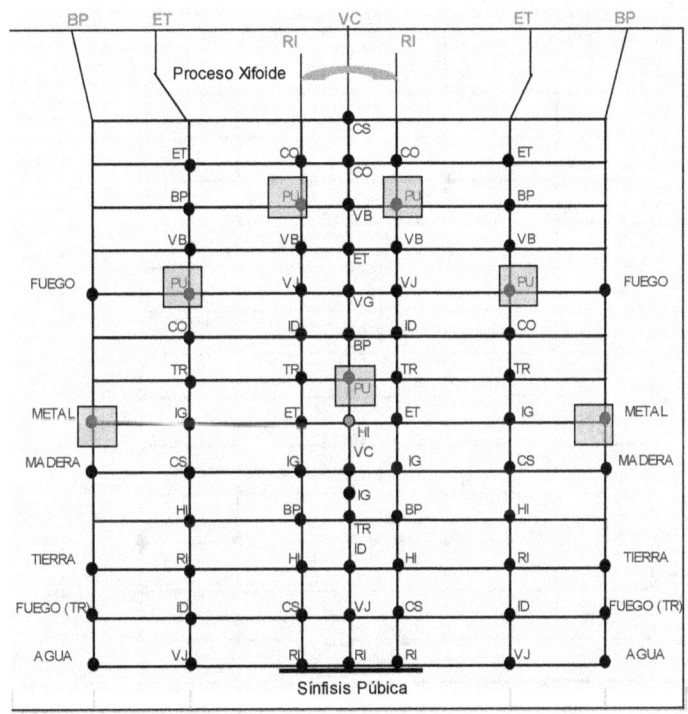

Puntos indicados para asma, bronquitis, exceso o carencia en el examen de pulso, fortalece la audición, y demás síndromes ligadas a este meridiano.

Puntos referentes al meridiano del Intestino Grueso en el Abdomen

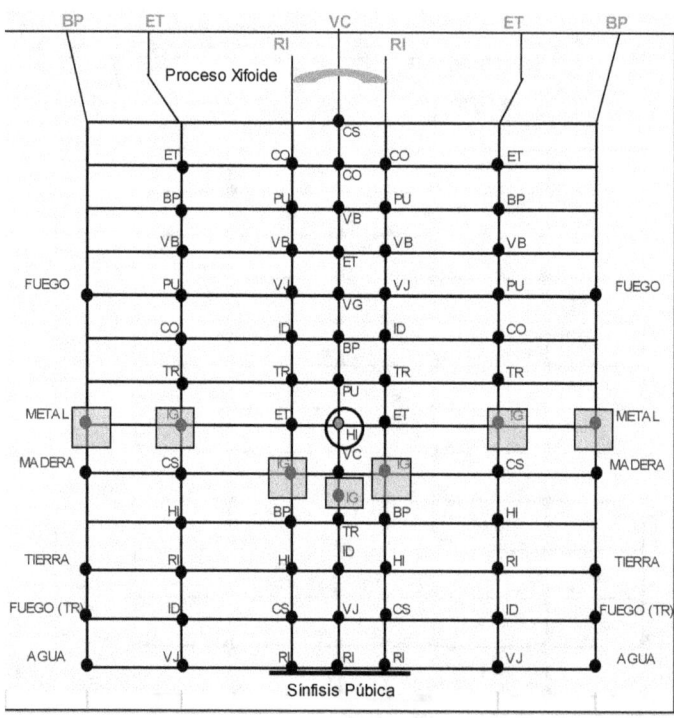

Puntos indicados para diarrea, problemas en la rodilla, colitis, equilibra los lados derecho e izquierdo de los meridianos en general, etc.

Puntos referentes al meridiano del Estómago en el Abdomen

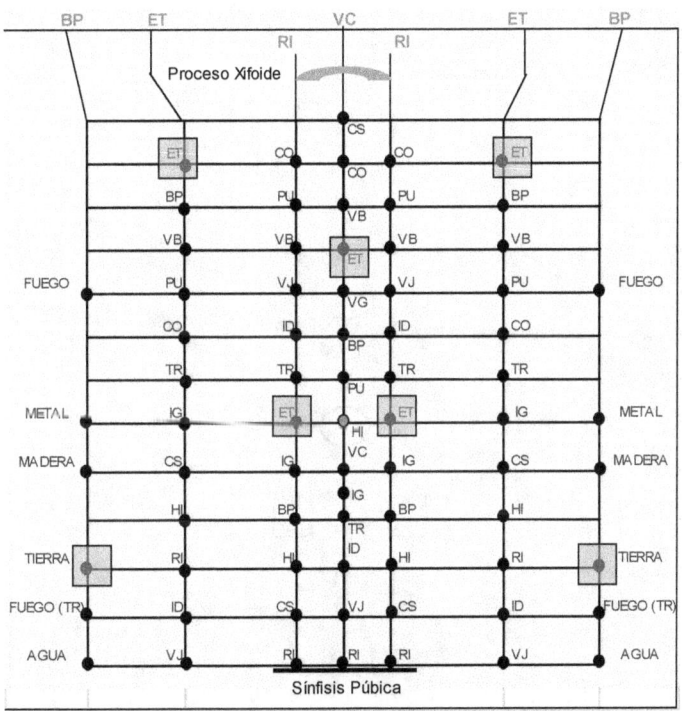

Puntos indicados para acidez, mala digestión, disturbios emocionales que afectan el ET, comedor impulsivo, disminuye y equilibra el apetito, etc.

Puntos referentes al meridiano del Bazo-Páncreas en el Abdomen

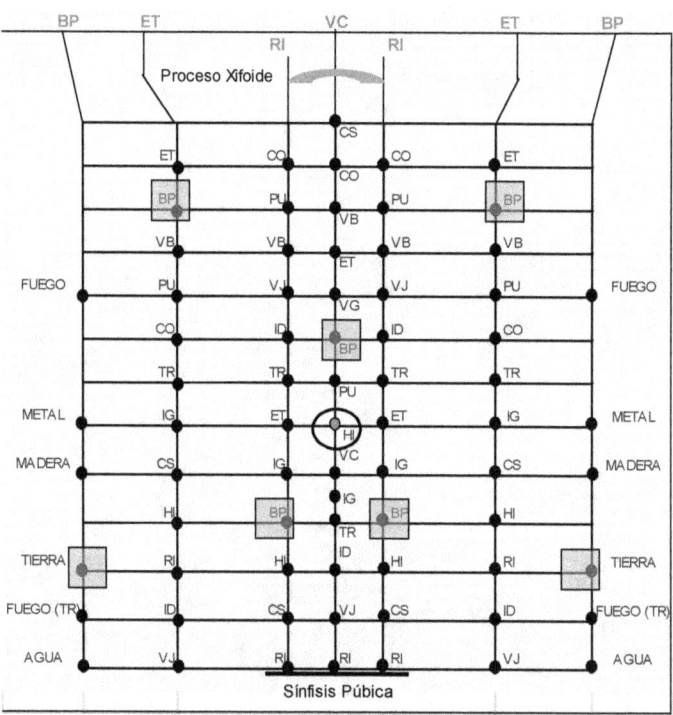

Puntos indicados para diabetis, problemas en los músculos, exceso de pensamientos, fortalece el sistema imunológico, alergias, etc.

Puntos referentes al meridiano del Corazón

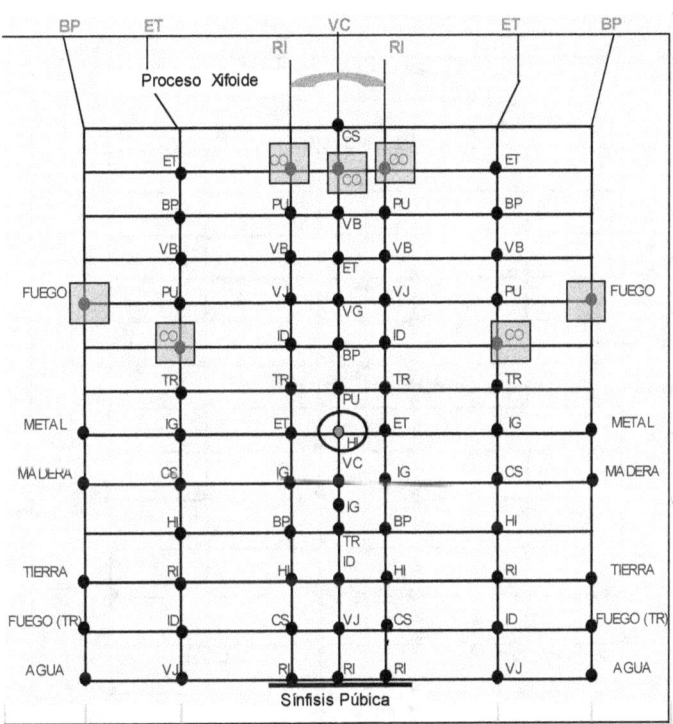

Puntos indicados para taquicardia (en sedación), ojos rojos, conjuntivitis, indecisión, exceso de sueños, angina, etc.

Puntos referentes al meridiano del Intestino Delgado

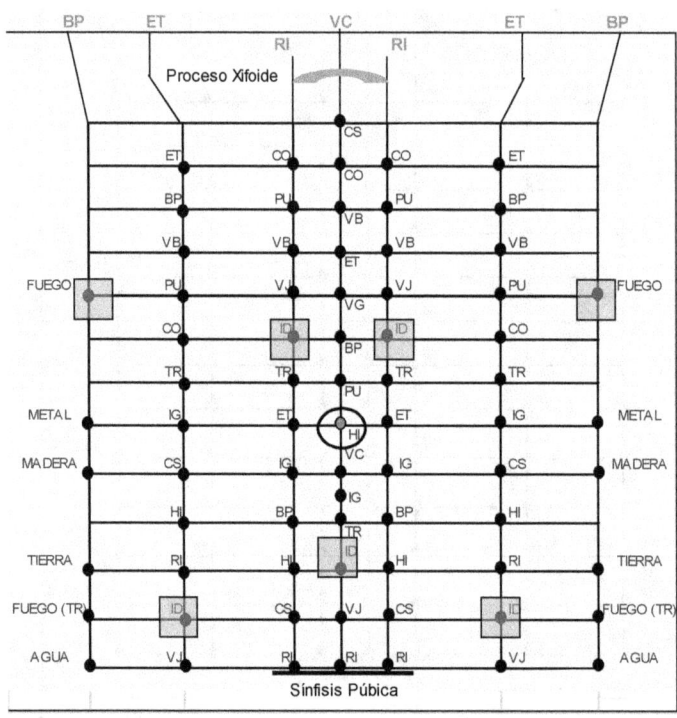

Puntos indicados para estreñimiento, dolores de cabeza por exceso de energía, dolores en el trayecto del meridiano principalmente en los hombros y cuello, etc.

Puntos referentes al meridiano de la Vejiga

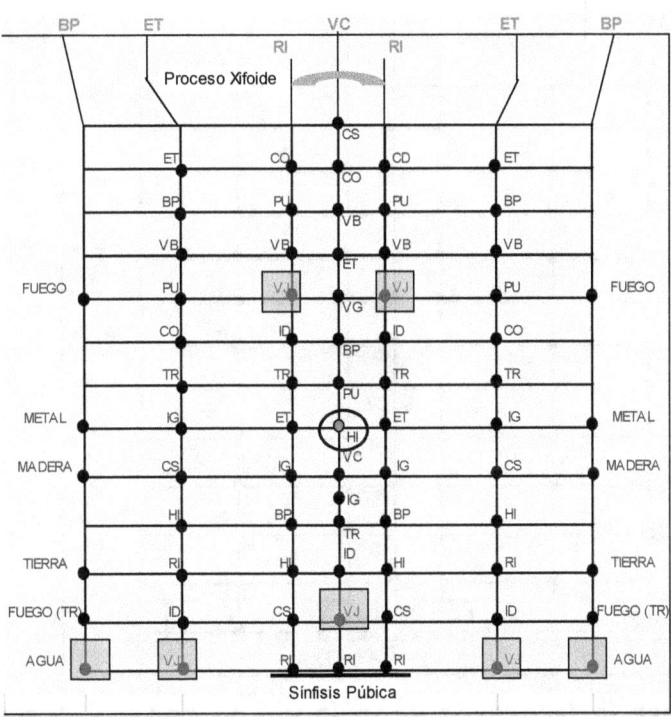

Puntos indicados para problemas en el trayecto del meridiano, cistitis, edemas, poliuria, síndrome ligadas a este meridiano.

Puntos referentes al meridiano del Riñon

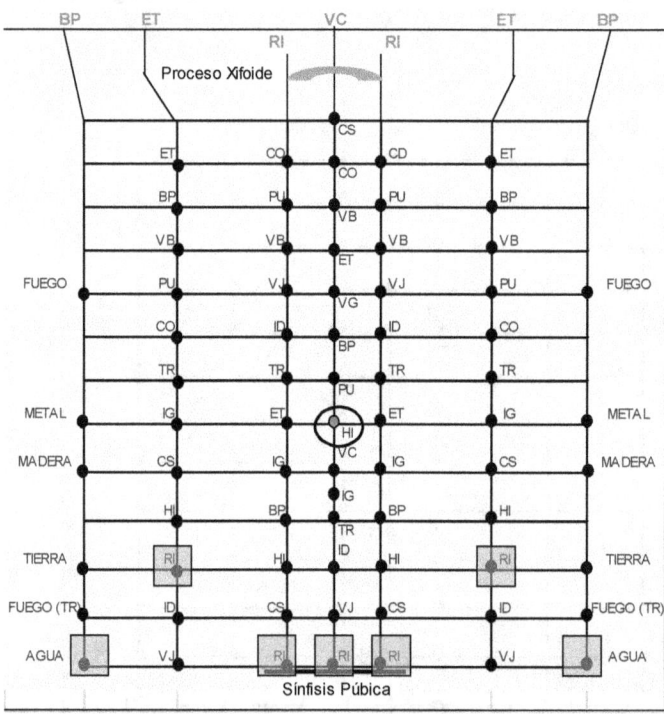

Puntos indicados para fortalecer la energía yin en general, hipertensión, problemas renales, espermatorrea, corrimiento, etc... preferir moxas.

Puntos referentes al meridiano de la Circulación Sexual

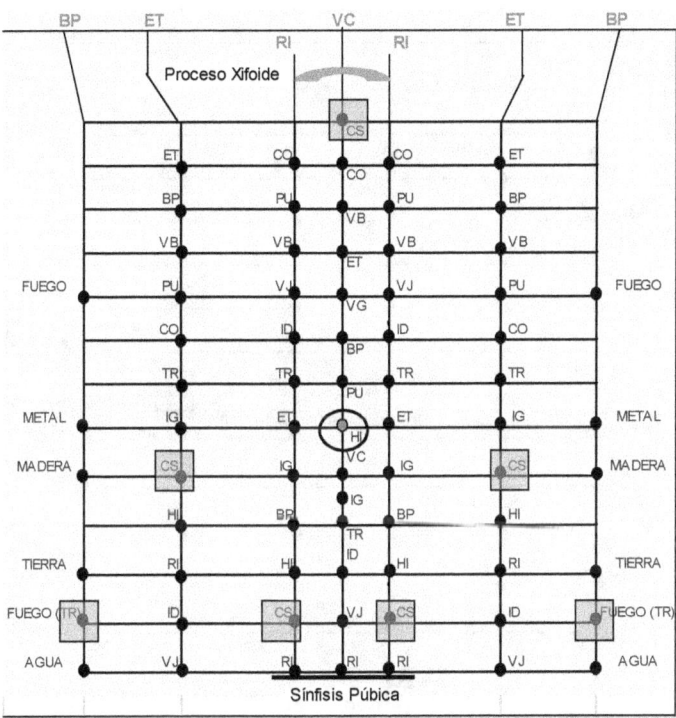

Puntos indicados para fortalecer el sistema hormonal, menopausia, hipertensión, ansiedad, depresión, disturbios emocionales.

Puntos referentes al meridiano del Triple Recalentador

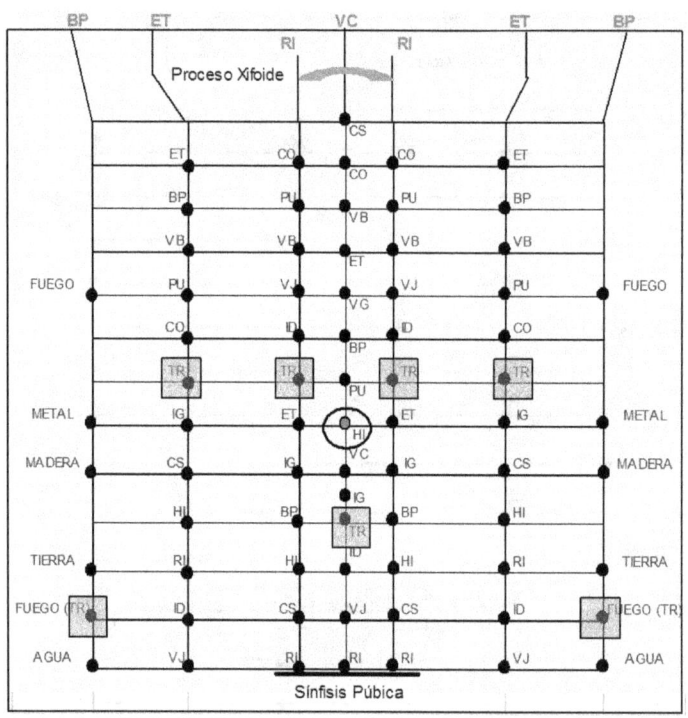

Puntos indicados para equilibrio hormonal, cuando el paciente se siente mal pero no sabe explicar lo que es, armoniza los 3 sistemas.

Puntos referentes al meridiano de la Vesícula Biliar

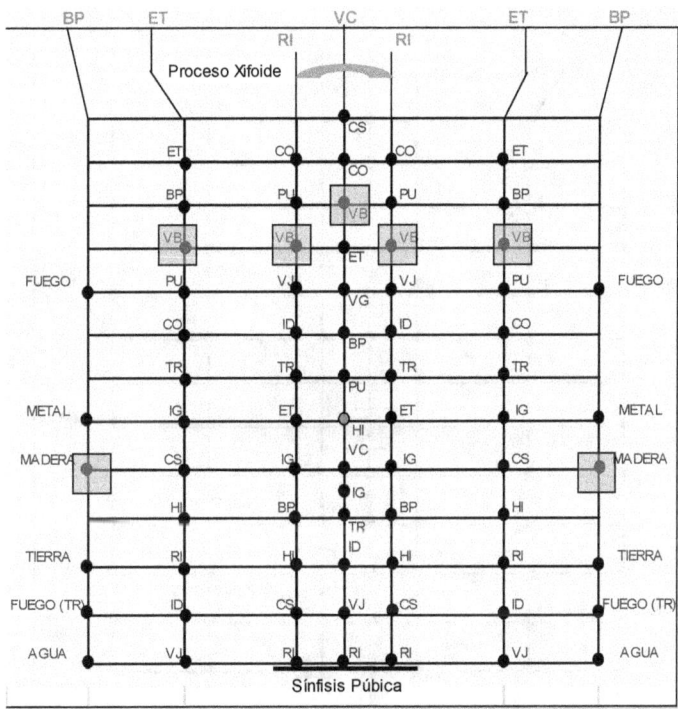

Puntos indicados para problemas en el trayecto del meridiano de la VB, fortalece la digestión, equilibra la energía y el sistema nervioso, etc...

Puntos referentes al meridiano del Hígado

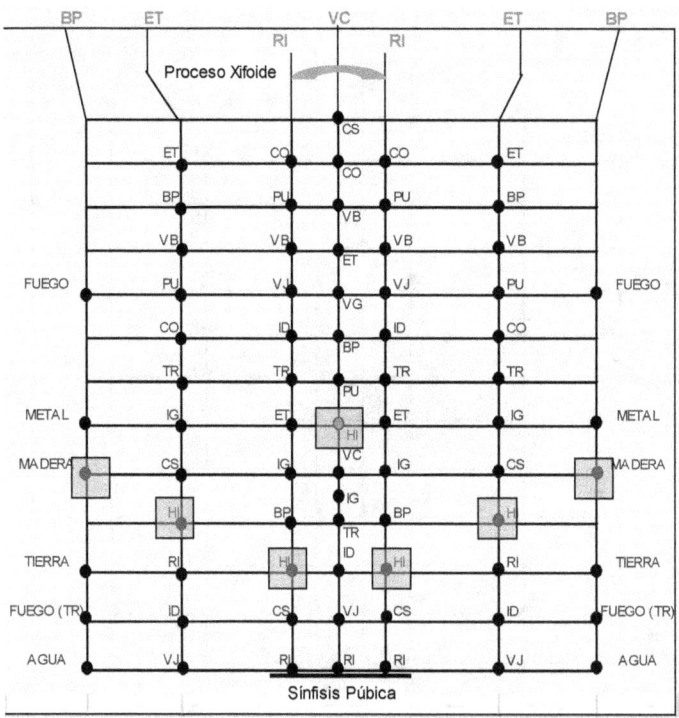

Puntos indicados para equilibrar las funciones del Hígado, ojos, alteraciones del humor, tendones y síndromes ligadas al meridiano del Hígado.

Representación de Yin e Yang en el Abdomen

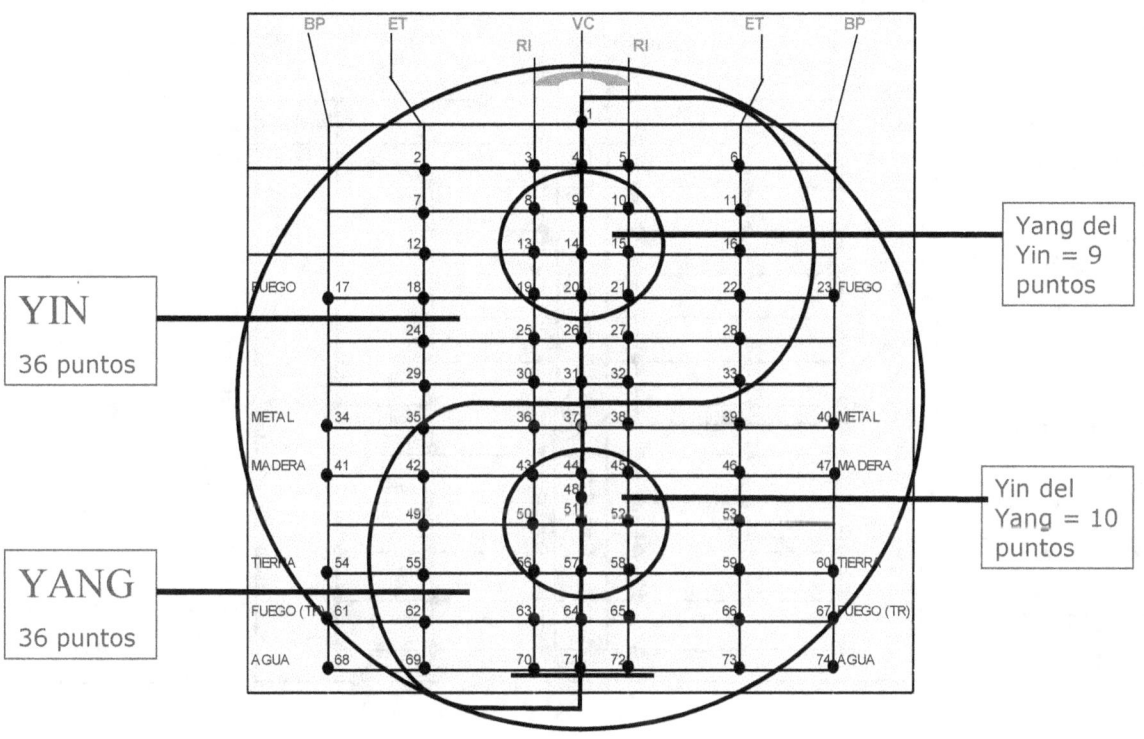

DIAGRAMA DEL RIO LO EN EL ABDOMEN

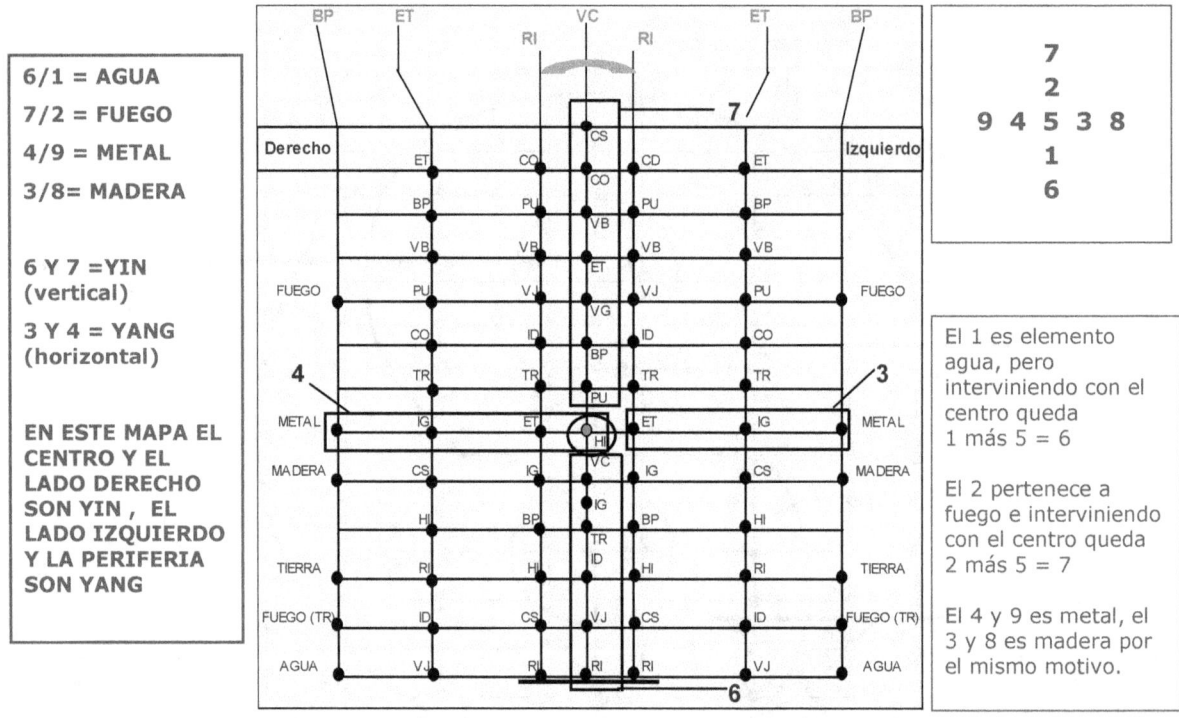

6/1 = AGUA
7/2 = FUEGO
4/9 = METAL
3/8 = MADERA

6 Y 7 = YIN (vertical)
3 Y 4 = YANG (horizontal)

EN ESTE MAPA EL CENTRO Y EL LADO DERECHO SON YIN, EL LADO IZQUIERDO Y LA PERIFERIA SON YANG

```
    7
    2
9 4 5 3 8
    1
    6
```

El 1 es elemento agua, pero interviniendo con el centro queda 1 más 5 = 6

El 2 pertenece a fuego e interviniendo con el centro queda 2 más 5 = 7

El 4 y 9 es metal, el 3 y 8 es madera por el mismo motivo.

Las energías de forma espiral en el Abdomen

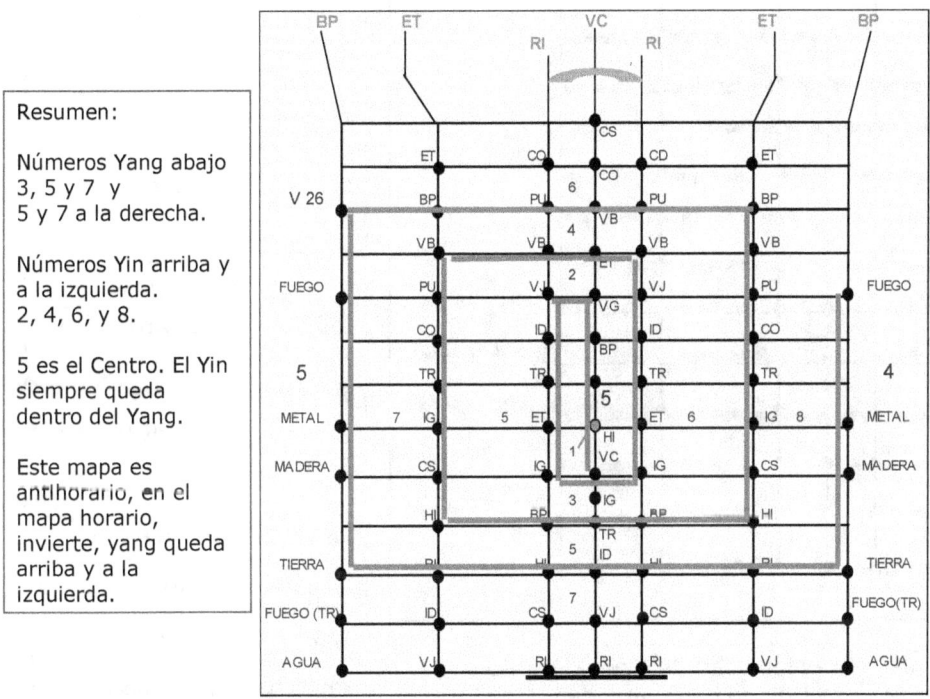

Resumen:

Números Yang abajo
3, 5 y 7 y
5 y 7 a la derecha.

Números Yin arriba y a la izquierda.
2, 4, 6, y 8.

5 es el Centro. El Yin siempre queda dentro del Yang.

Este mapa es antihorario, en el mapa horario, invierte, yang queda arriba y a la izquierda.

Esta es la región del yin, el predominio es del yin. La parte de atrás del cuerpo es yang, delante es yin, la parte de arriba de enfrente es yang del yin y la parte de abajo de enfrente es yin del yin.

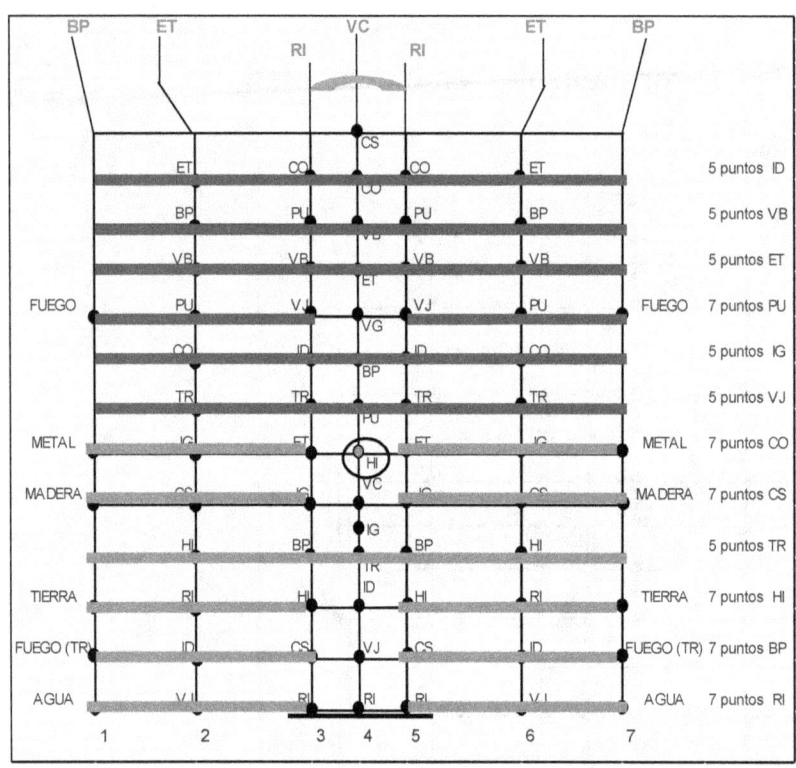

Cielo = Yang - Yin Chiao Mo - Mobilidad de Yin - PM = R6
Lago = Yang - Chung Mo - Meridiano de la vitalidad - PM = BP4
Trueno = Yin - Ren Mo - Vaso de la concepción - PM = P7
Tierra = Yin - Yin Wei Mo - Regulador de Yin - PM = CS6

Relaciones horizontales con los órganos: 5 más impar (yang) = par (yin)

| 1, 3 o 7 | 6, 8 o 12 |

5 más par (yin) = impar (yang)

| 2, 4 o 8 | 7, 9 o 13 |

Contenido energético del abdomen y glándulas

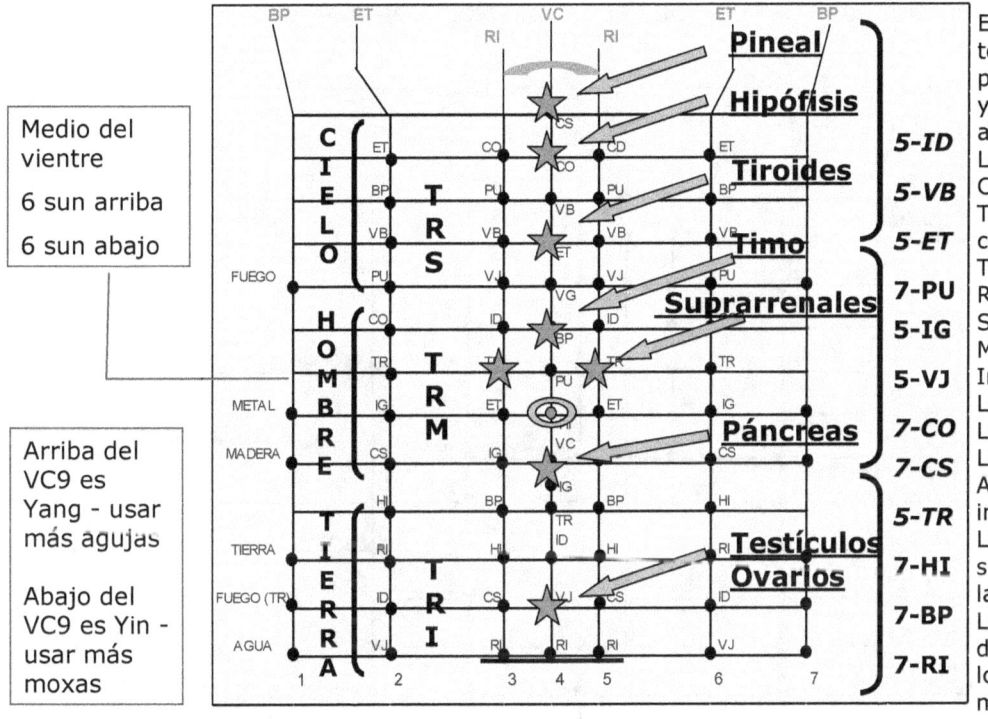

Medio del vientre
6 sun arriba
6 sun abajo

Arriba del VC9 es Yang - usar más agujas

Abajo del VC9 es Yin - usar más moxas

En el abdomen tenemos: los 2 principios yin-yang: abajo y arriba del VC9. Los 3 tesoros: Cielo-Hombre-Tierra que corresponden al Triple Recalentador Superior (TRS) Medio (TRM) e Inferior (TRI) Los 4 mares Los 5 elementos Las 6 conexiones Alto/Bajo e interno/externo Los 7 chacras que se relacionan con las 7 glándulas y Los 8 trigramas del Pa Kua y los 8 vasos maravillosos.

Del ombligo para abajo = yin = tiene cinco 7 y un 5.
Arriba del ombligo = yang = tiene cinco 5 y un 7.
En este contexto 5 es yang y 7 es yin.

Aquí percibimos una relación con la pulsología en el Abdomen

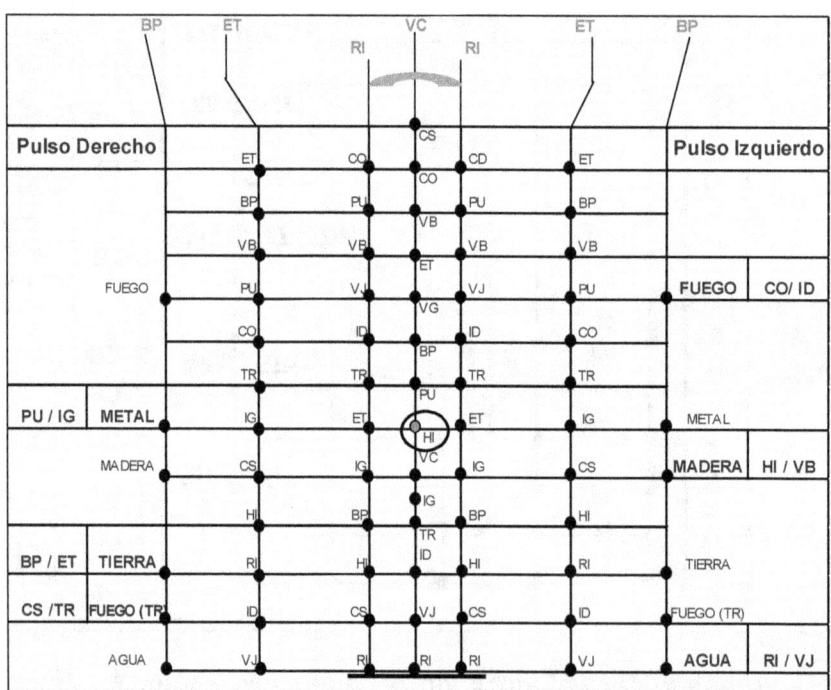

Aquí tenemos la disposición de los pulsos chinos en el abdomen, y de acuerdo con lo que aparece en el pulso podemos tonificar o sedar por el abdomen. Si un meridiano yin - posición interna del pulso, está en carencia, podemos aplicar un poco más profundo en tonificación y si un meridiano yang - posición superficial en el pulso está en carencia, aplicamos superficial en tonificación en el abdomen. Lo mismo vale para sedación, si es de un meridiano yin que está en exceso, aplica un poco más profundo en técnicas de sedación, y un meridiano yang en exceso, aplica superficial usando técnicas de sedación en el abdomen, pues por los 4 mares este es el mar de energía por eso los pulsos están localizados en este segmento del abdomen (BP), local propicio para manipular y equilibrar las energías con base en el pulso.

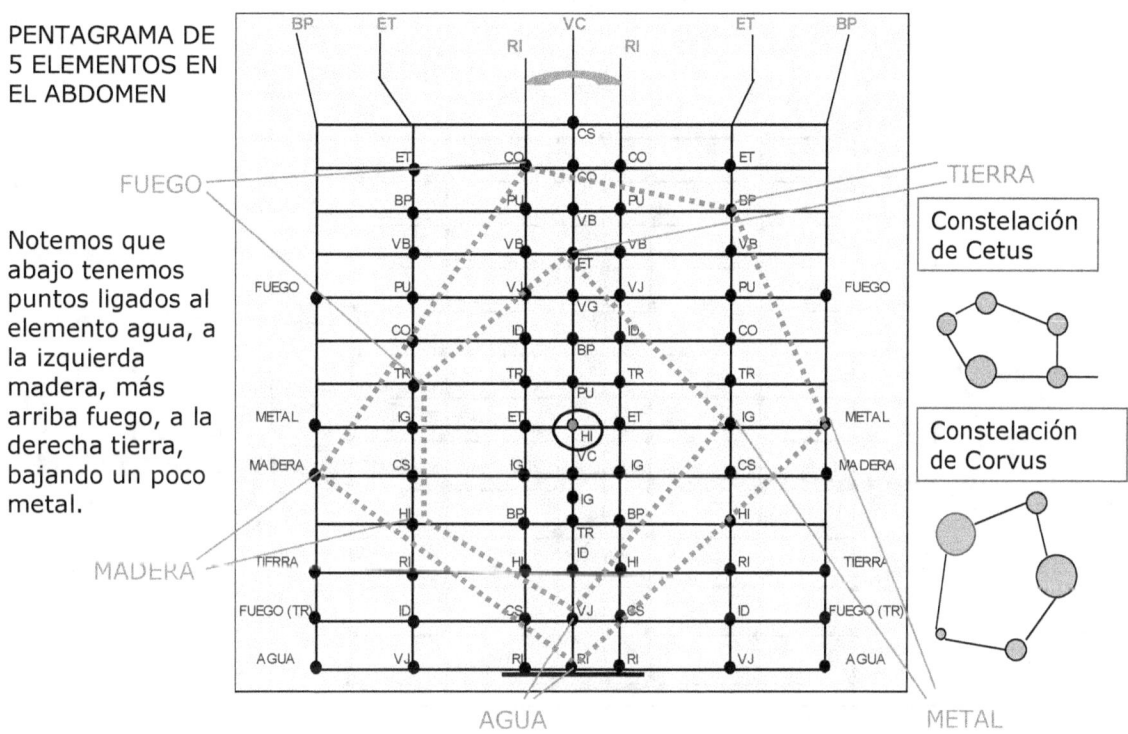

PENTAGRAMA DE 5 ELEMENTOS EN EL ABDOMEN

Notemos que abajo tenemos puntos ligados al elemento agua, a la izquierda madera, más arriba fuego, a la derecha tierra, bajando un poco metal.

Esta relación con 5 elementos recuerdan la constelación de CETUS Y CORVUS.
Notamos que la primera estrella de los 5 elementos mostrada arriba cruza con los 4 meridianos de esta región VC, BP, RI, ET.
Y la segunda relación de 5 elementos cruza solamente con VC y ET.

MÁS DOS PENTAGRAMAS DE 5 ELEMENTOS EN EL ABDOMEN

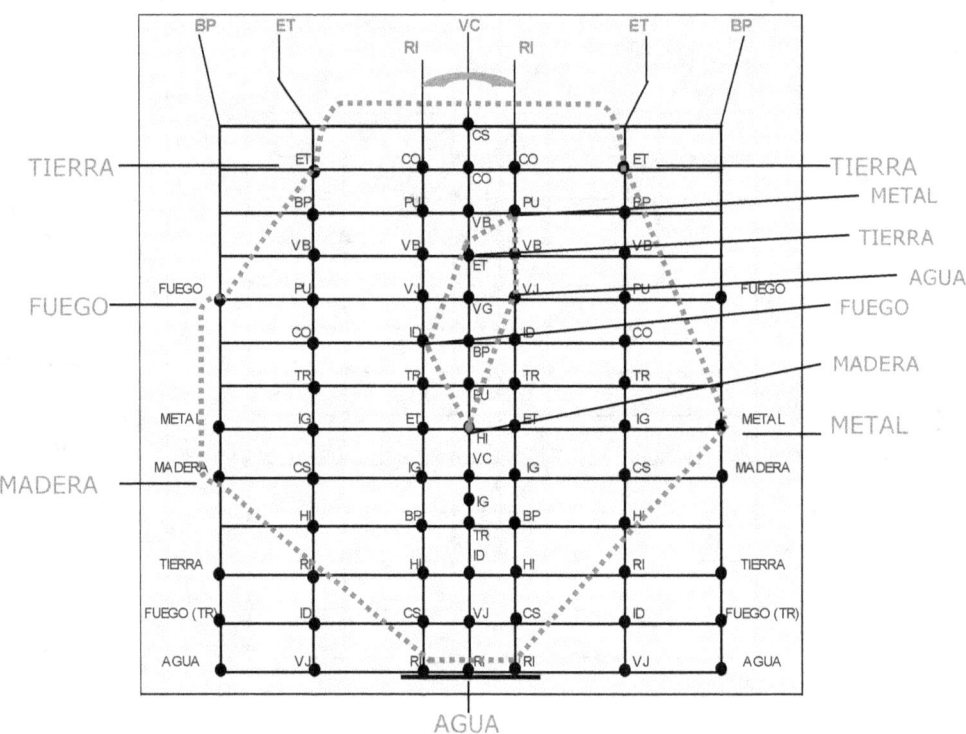

Aquí tenemos la tercera relación de 5 elementos en el abdomen que cruza apenas los meridianos VC y RI. Y la cuarta relación más externa de los 5 elementos abarca los 4 principales meridianos del abdomen.

MÁS DOS PENTAGRAMAS DE 5 ELEMENTOS EN EL ABDOMEN, UNA DE ELLAS INCLUYE EL ELEMENTO FUEGO SECUNDARIO - CS/TA, NUESTRA LIGACIÓN CON EL UNIVERSO, ENERGÍAS REGULADORAS.

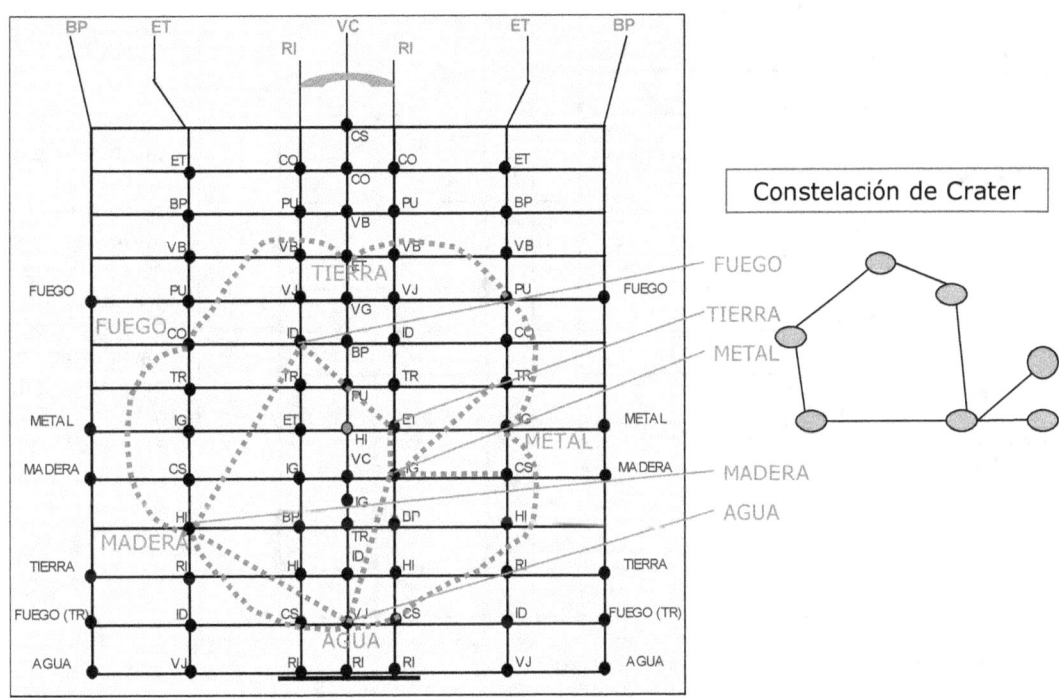

Esta quinta relación con los 5 elementos incluye los 2 elementos del fuego secundario y se parece a la constelación de crater y abarca los meridianos VC, ET, y RI
La sexta relación de 5 elementos abarca los meridianos VC y ET.

AQUÍ TENEMOS EL SEPTIMO PENTAGRAMA DE 5 ELEMENTOS EN EL ABDOMEN Y EL GRAN YANG Y GRAN YIN EN EL ABDOMEN.

YANG

YIN

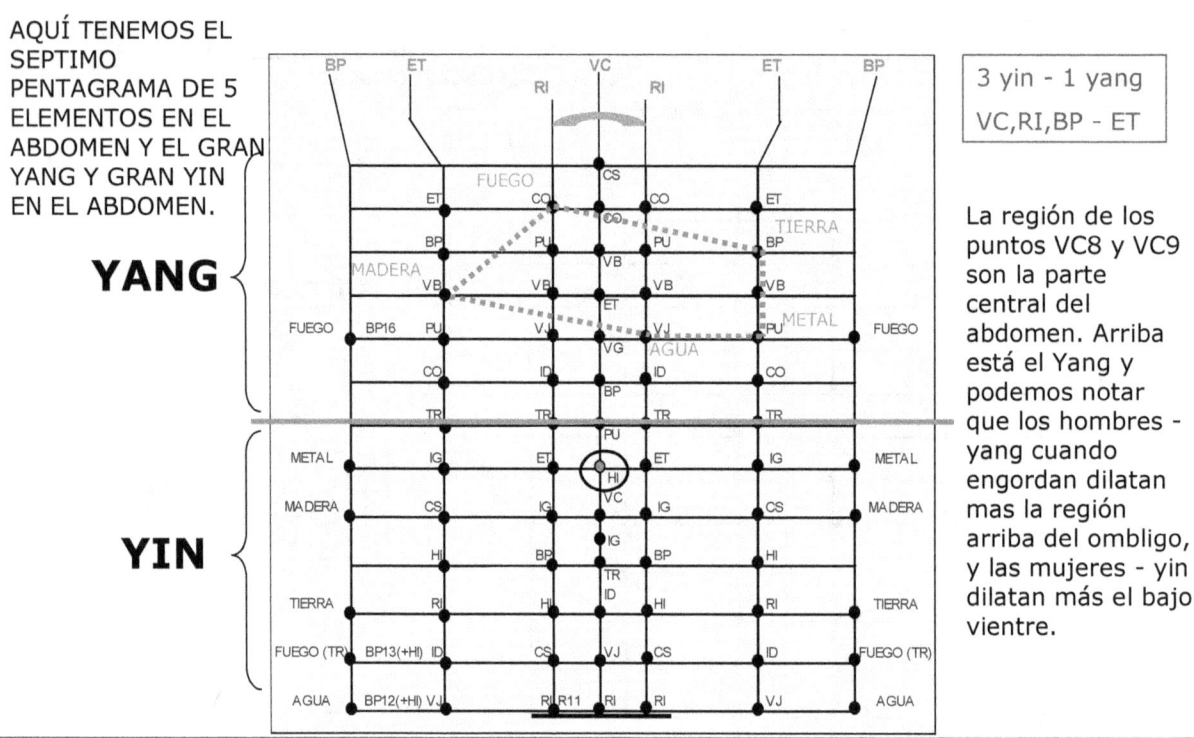

3 yin - 1 yang
VC,RI,BP - ET

La región de los puntos VC8 y VC9 son la parte central del abdomen. Arriba está el Yang y podemos notar que los hombres - yang cuando engordan dilatan mas la región arriba del ombligo, y las mujeres - yin dilatan más el bajo vientre.

Los puntos BP12 y BP13 cruzan con el meridiano del hígado.
El punto BP13 es también punto XI de Tai yin - PU/BP.
El punto BP16 es prohibido para moxa.
Los puntos en que no se debe aplicar aguja son: VC8 - prohibido para agujas y ET30, RI11 - aplicar con cuidado en ET30 y profundizar apenas superficial en R11 pues está muy próximo del cordón espermático y ligamento redondo del útero.
Este sistema representa el centro, que es representado por el elemento Tierra y el BP (tierra) controla los 4 miembros. Por el centro se puede tratar todo el cuerpo inclusive las extremidades: los 4 miembros y la cabeza.

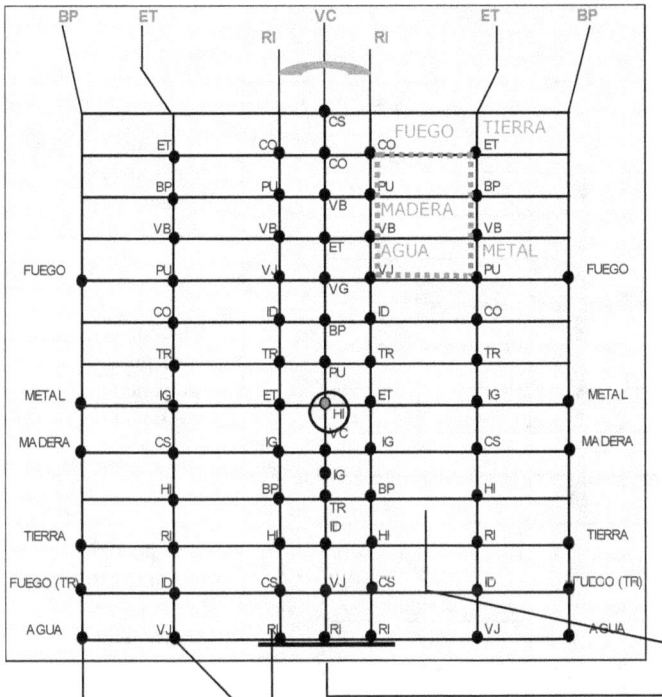

Los 4 Vasos maravillosos también llamados curiosos:
CHUNG MO
YIN WEI MO
REN MO
YIN CHIAO MO
Pasan en el abdomen, todos tienen sentido ascendiente.

Todos los vasos maravillosos yin tienen representaciones en el abdomen (yin). Se utilizan de los meridianos del abdomen como trayecto y utilizan sus puntos, como ET30 y meridiano del riñon en el abdomen - Chung Mo = ET30 - RI11 hasta RI21 en el abdomen (mar de sangre también).
Vaso concepción - centro del abdomen - centro del centro.
Yin Chiao Mo - del genital sube por la lateral del abdomen hasta la supra - clavicular.
Yin Wei Mo - pasa por el meridiano del BP en el abdomen.

Yin Wei Mo (PM - CS6) regulador de yin - trayecto RI9, BP13, 15, 16, HI14, VC 22, VC 23

Mar de la nutrición (ET30) y Chung Mo (PM-BP4), meridiano de la vitalidad va para el riñon y sube = mar de sangre = ET30 – RI11 a RI21

VC - Vaso concepción
PM - P7

Yin Chiao Mo (PM - RI6)
Motilidad de yin - Trayecto: planta del pie, genital, lateral del abdomen, supraclavicular, VJ1 (liga en el Yang Chiao Mo)

* PM = Puntos Maestros

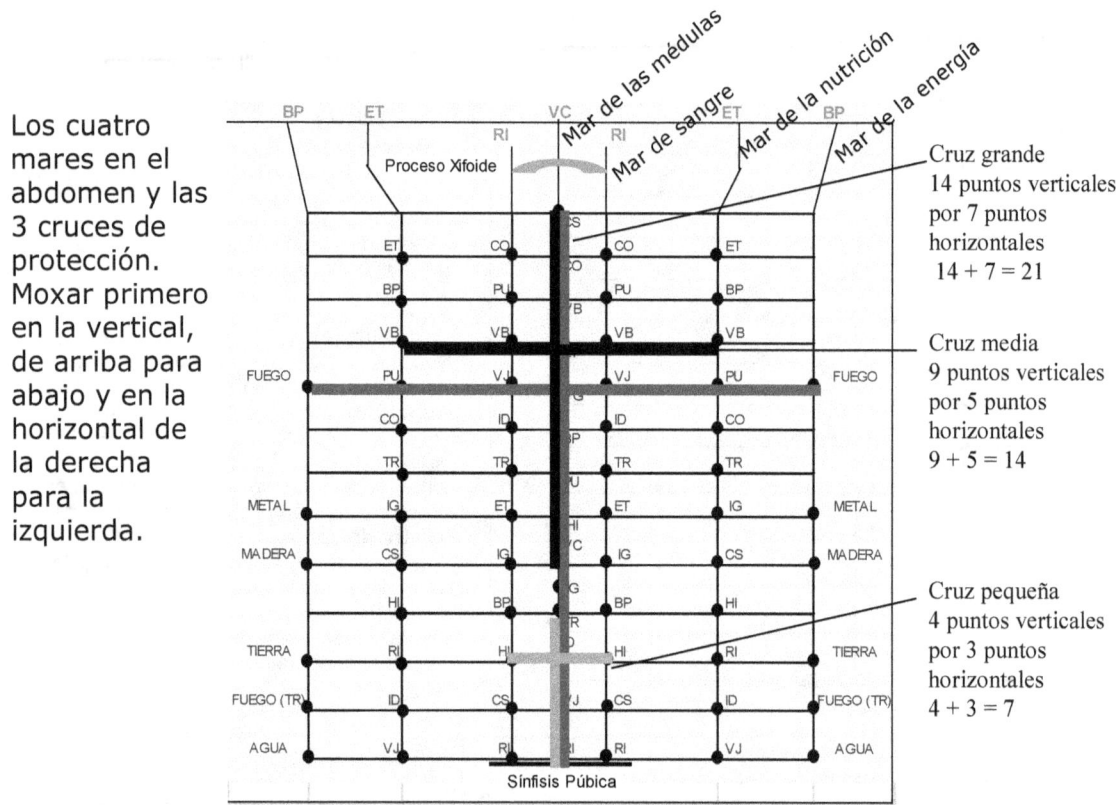

Los cuatro mares en el abdomen y las 3 cruces de protección. Moxar primero en la vertical, de arriba para abajo y en la horizontal de la derecha para la izquierda.

Cruz grande
14 puntos verticales por 7 puntos horizontales
14 + 7 = 21

Cruz media
9 puntos verticales por 5 puntos horizontales
9 + 5 = 14

Cruz pequeña
4 puntos verticales por 3 puntos horizontales
4 + 3 = 7

El sumatorio de los puntos horizontales y verticales de las cruces da siempre múltiplos de 7.

CABEZA, TRONCO Y MIEMBROS EN EL ABDOMEN

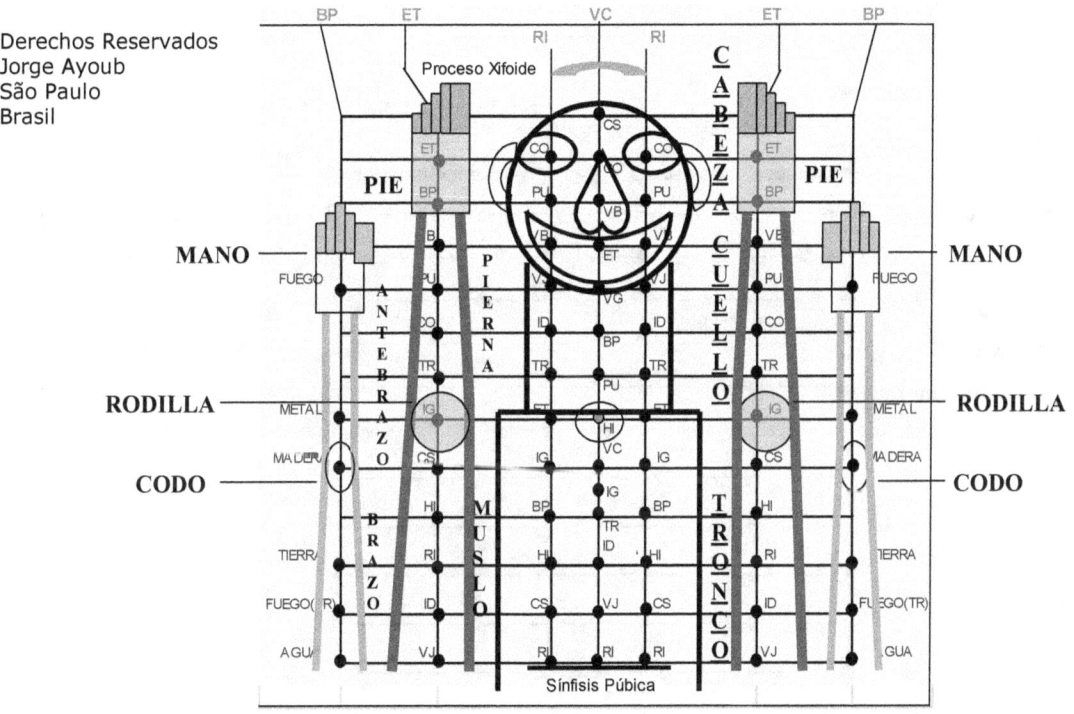

Derechos Reservados
Jorge Ayoub
São Paulo
Brasil

Brazos y piernas en el mismo lado pero invertidos en el abdomen

Los 8 vasos maravillosos en el abdomen

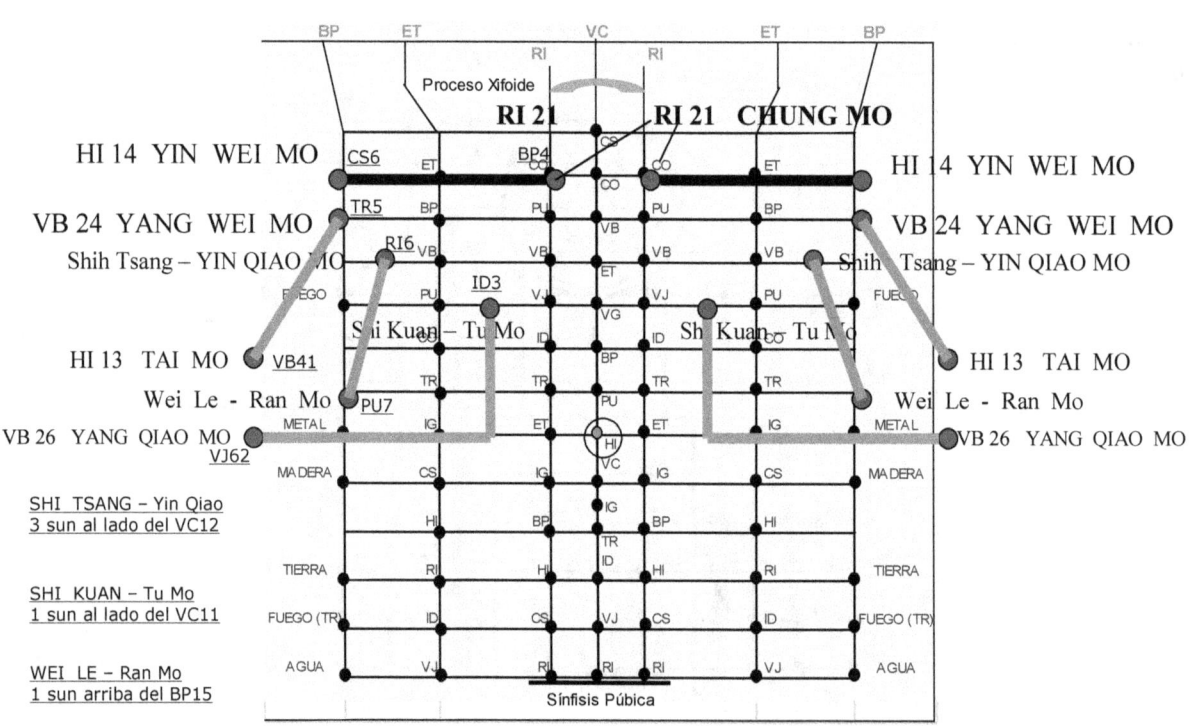

Todos los puntos de los vasos maravillosos están situados en la parte superior de la linea del ombligo, en la región más yang del abdomen.

Los triángulos Yin para fortalecimiento general y el retángulo Yin

En los 3 triángulos mayores, apenas 1 moxa en el ápice, 3 moxas en los próximos puntos, 5 en los próximos y 7 moxas en la base del triángulo. En los 4 triángulos menores se empieza con 3 moxas, después 5 moxas y en la base 7 moxas. Sigue del interno para el externo, de yin para yang. Y de arriba (yang) para abajo (yin). Cada triángulo trata de una enfermedad.

2 Bases o cuadrados mágicos, la de la derecha es yin del yang, la de la izquierda es yang del yang, en la gran región del yang. Bueno para tratar los senos, pulmón, etc...Los triángulos yin van del interno para el externo y conectan puntos de los 8 vasos también.

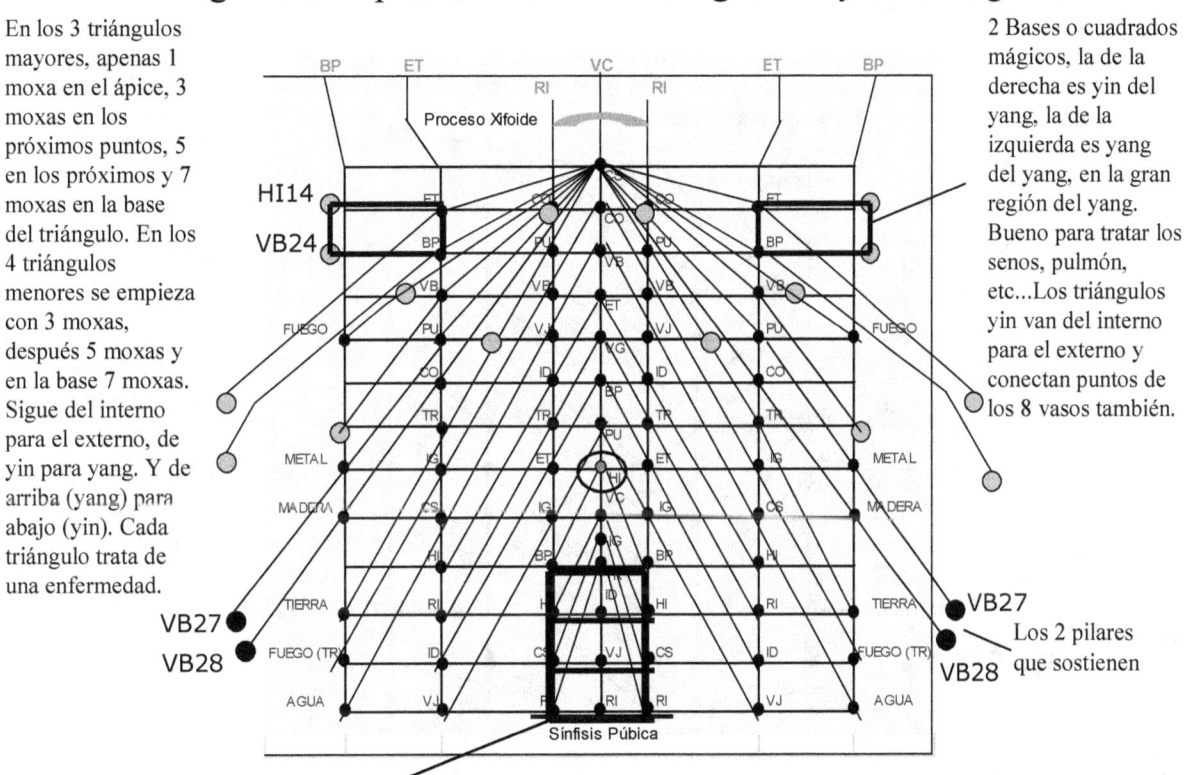

Los 2 pilares que sostienen

El rectángulo de los 4 yins. Son 4 pares de puntos, BP, HI, CS, e RI que reciben moxas en esta orden totalizando 8 puntos, para fortalecer el yin, se puede añadir el VC sumando 12 puntos. Bueno para realización personal y fortalecimiento general.

Los triángulos Yang para fortalecimiento general

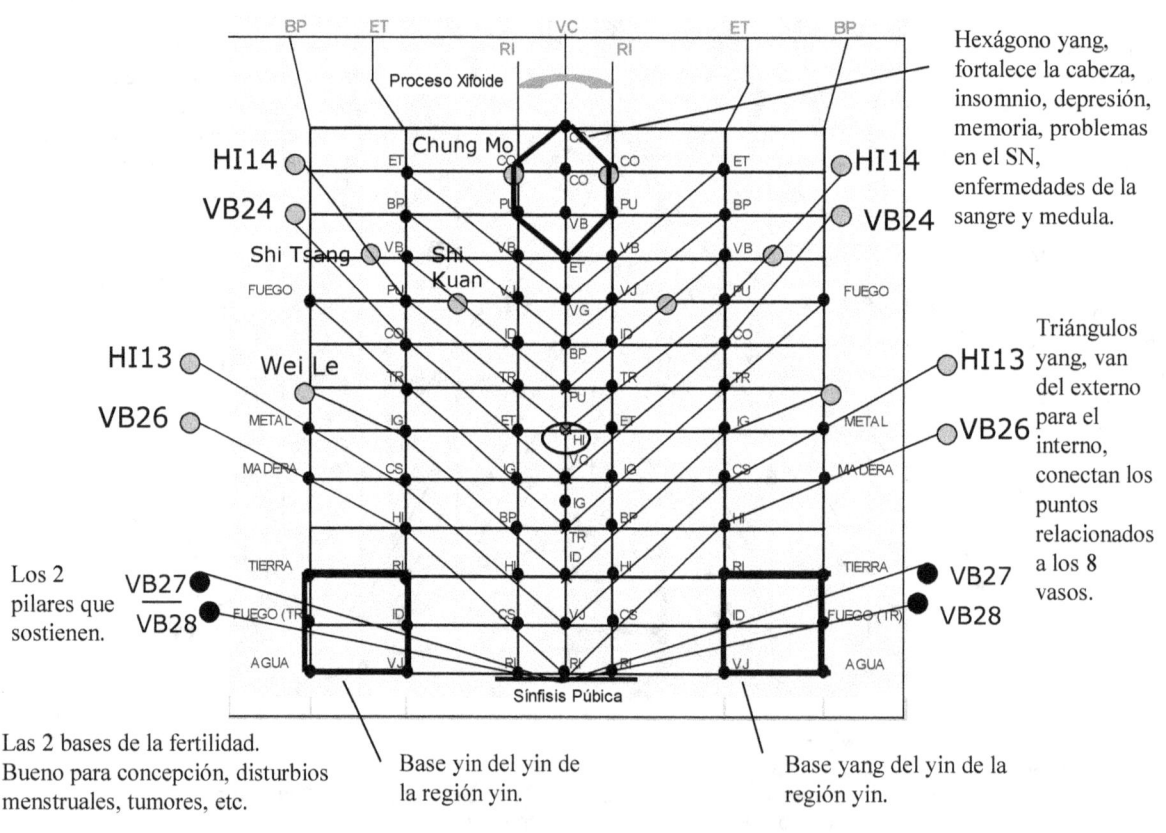

Hexágono yang, fortalece la cabeza, insomnio, depresión, memoria, problemas en el SN, enfermedades de la sangre y medula.

Triángulos yang, van del externo para el interno, conectan los puntos relacionados a los 8 vasos.

Los 2 pilares que sostienen.

Las 2 bases de la fertilidad. Bueno para concepción, disturbios menstruales, tumores, etc.

Base yin del yin de la región yin.

Base yang del yin de la región yin.

Estrella de 5 puntas en el abdomen

La principal estrella de 5 puntas en el Abdomen. Existen 5 estrellas más como ésta, pero más pequeñas en el abdomen pero es la más completa. Los 5 elementos son también representados por este tipo de estrella. Es necesario tener mucho cuidado y práctica al tentar usar combinaciones de puntos en el abdomen.

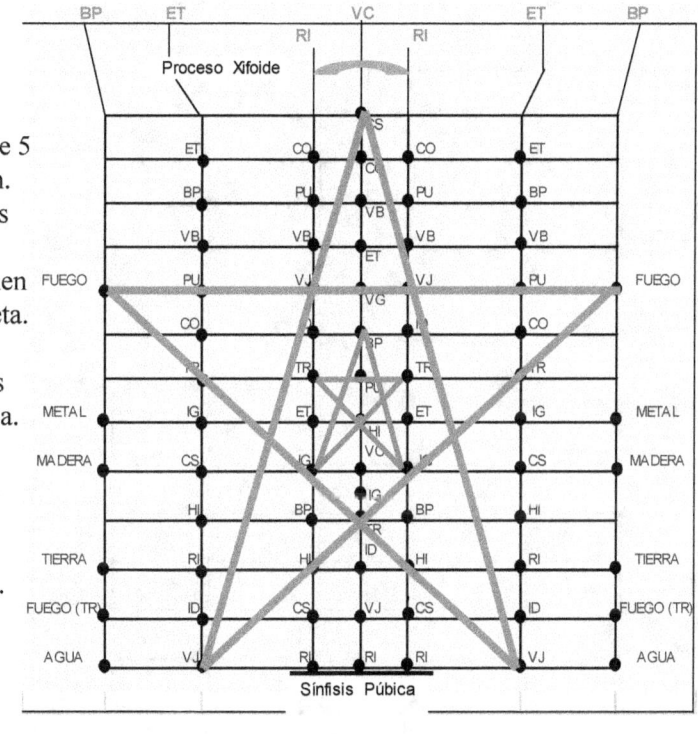

Estrella de 6 puntas en el abdomen

En la estrella de 6 puntas que representa los 6 lados de todo lo que es material en nuestra dimensión, y que está formada por 2 triángulos, uno yang y otro yin, representa también la unión de Yin con Yang. Existen muchas curiosidades numerológicas escondidas en el abdomen.

La cruz es uno de los símbolos humanos más conocidos, tenemos la linea vertical, yang, el divino, y la horizontal el mundo físico, visible, yin y las 4 puntas representan los 4 puntos cardinales y los 4 elementos.
Las imágenes más antiguas de cruces fueron encontradas en los estepas de Asia central. Por lo tanto los diversos tipos de cruces, como las estrellas de 5 o 6 puntas son símbolos milenares y adoptadas por sus fuertes simbolismos y poderes energéticos por las principales religiones actuales.

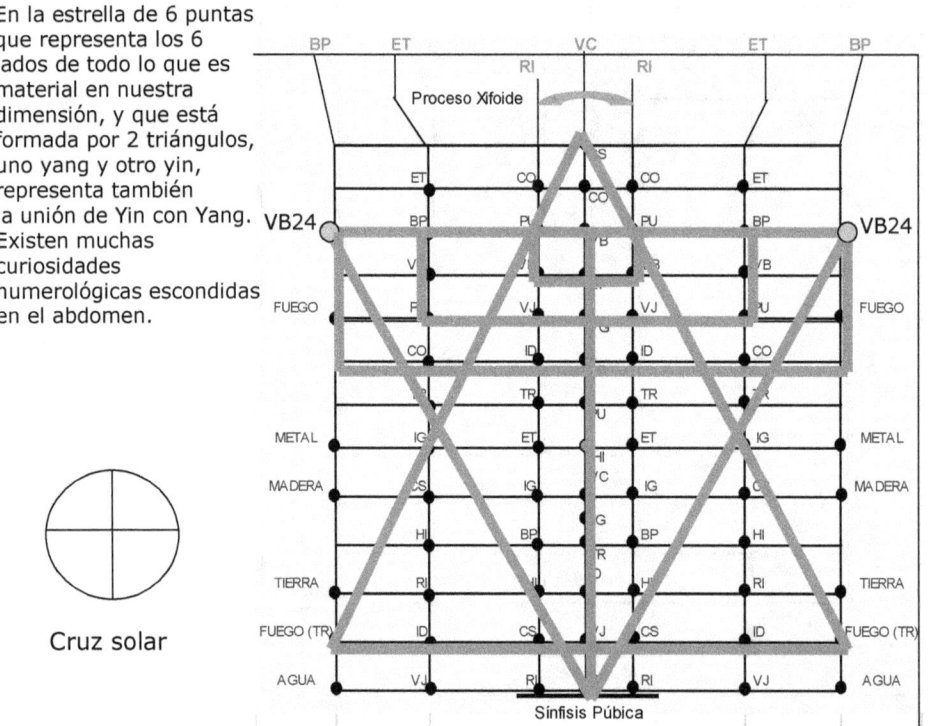

Cruz solar

Cruz de Caravaca

Desde la edad del bronce se utilizan estrellas de 5 o 6 puntas, incluso cruces, como decoración o elemento mágico encontradas en ruinas de civilizaciones antiguas como India. Desde el siglo XIX esta estrella fue adoptada por el pueblo judío. Siendo yo de formación cristiana, estudié las filosofías del judaísmo, islamismo, budismo y taoísmo y todas estas doctrinas predican el amor entre las personas y fraternidad como forma de camino para llevar a la felicidad interior personal, familiar y de sus descendientes, pues la energía que vibramos y emanamos es transmitida a los descendiente a través del ADN, por lo tanto debemos vibrar en la armonía.

Regiones del abdomen y energía de los números

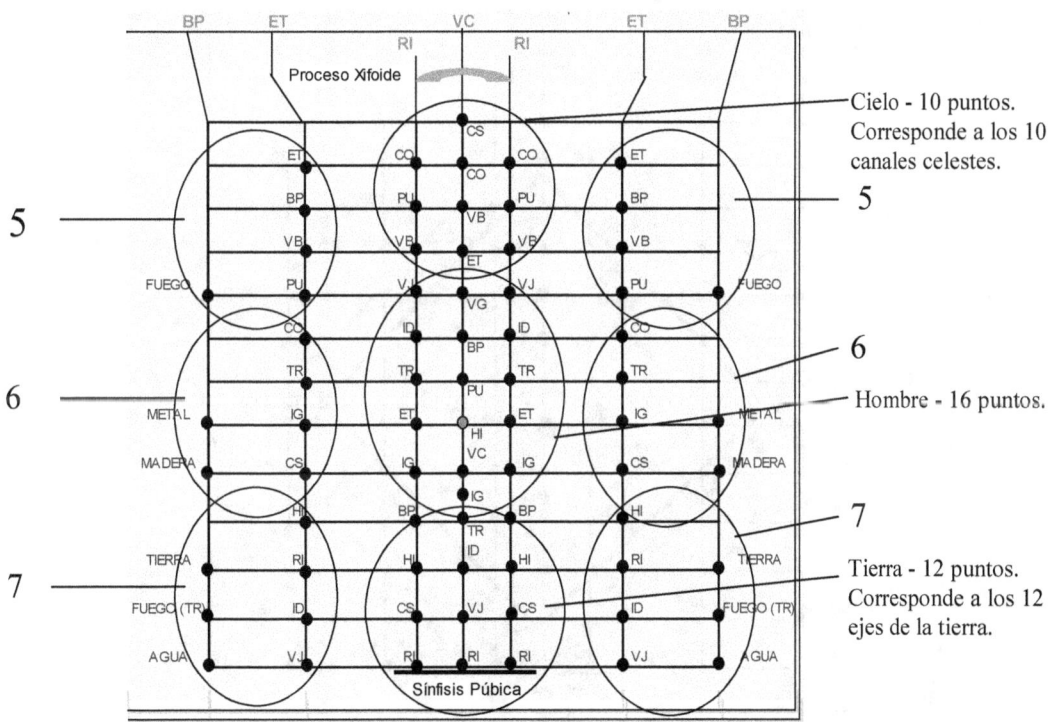

Cielo - 10 puntos. Corresponde a los 10 canales celestes.

Hombre - 16 puntos.

Tierra - 12 puntos. Corresponde a los 12 ejes de la tierra.

Esquema de secuencia de puntos incluyendo puntos extras y puntos de los 8 canales en los Losangos y Diamantes - 108 puntos.

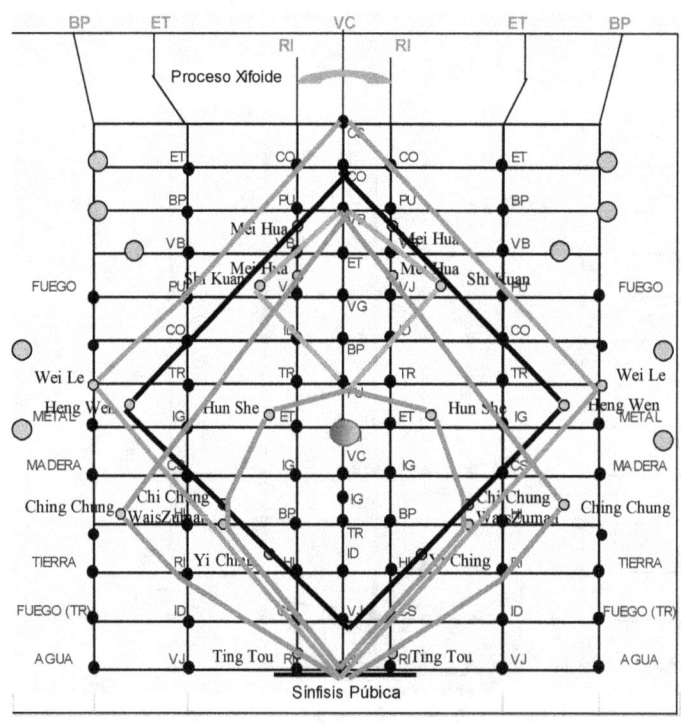

LOS 12 MERIDIANOS PRINCIPALES, VG Y VC EN EL ABDOMEN.

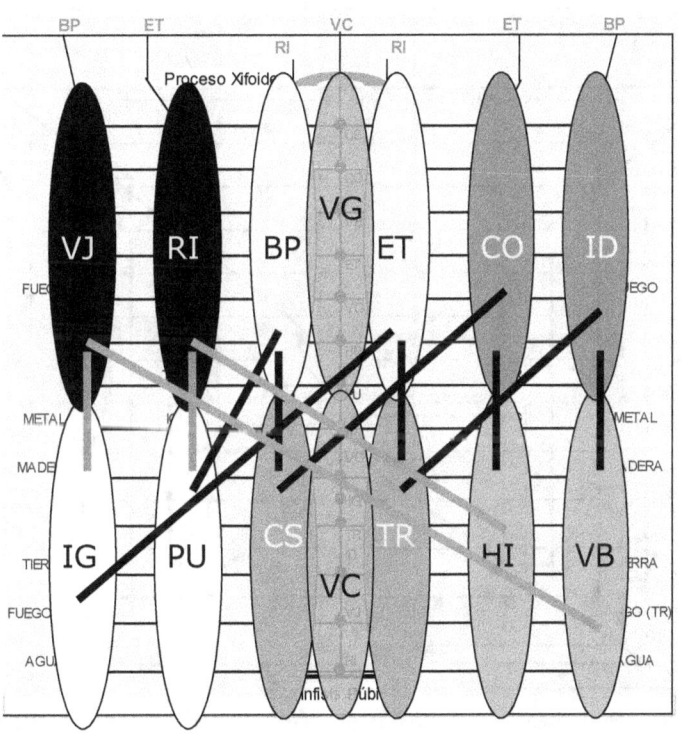

Madera (HI/VB) genera Fuego (CO/ID), que genera Fuego Secundario (CS/TR), que genera Tierra (BP/ET), que genera Metal (PU/IG), que genera Agua (RI/VJ), que genera Madera cerrando el ciclo.

Los 4 sectores de energía y su ligación con el centro

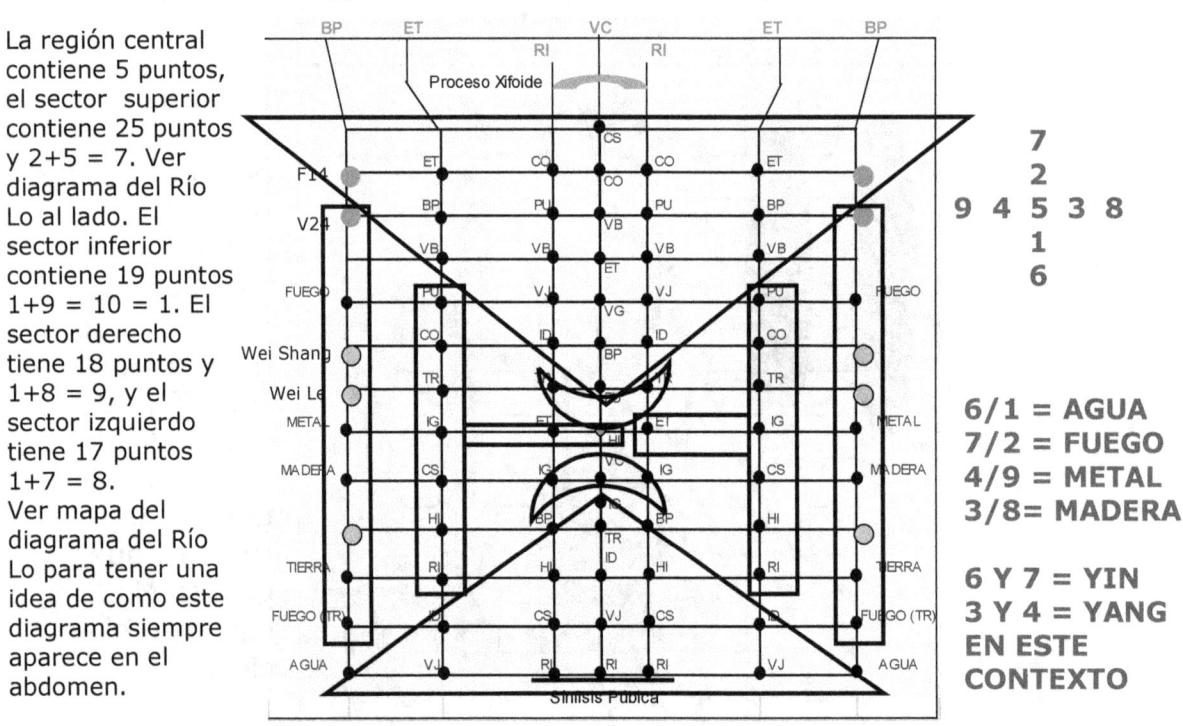

La región central contiene 5 puntos, el sector superior contiene 25 puntos y 2+5 = 7. Ver diagrama del Río Lo al lado. El sector inferior contiene 19 puntos 1+9 = 10 = 1. El sector derecho tiene 18 puntos y 1+8 = 9, y el sector izquierdo tiene 17 puntos 1+7 = 8.
Ver mapa del diagrama del Río Lo para tener una idea de como este diagrama siempre aparece en el abdomen.

```
    7
    2
9 4 5 3 8
    1
    6
```

6/1 = AGUA
7/2 = FUEGO
4/9 = METAL
3/8 = MADERA

6 Y 7 = YIN
3 Y 4 = YANG
EN ESTE CONTEXTO

El 1 es elemento agua, pero ejerciendo interacción con el centro queda 1+5 = 6.
El 2 pertenece a fuego y ejerciendo interacción con el centro queda 2+5 = 7.
4 y 9 es metal, 3 y 8 es madera por el mismo motivo.

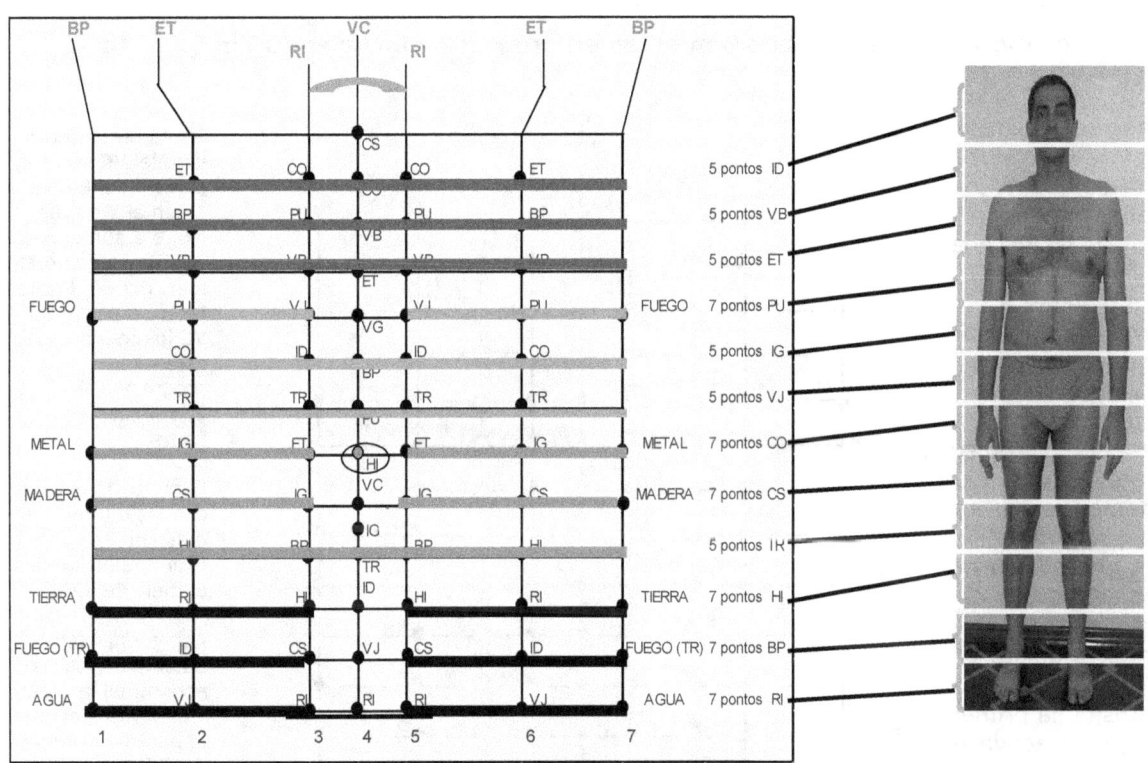

Las relaciones horizontales en que se usa 5 o 7 puntos dependiendo de la linea, manipula energías más sutiles, son yang en relación a las verticales y dispersas que son yin. Por ejemplo si escoge la linea ET, tercera de arriba para abajo, si es hombre aplicar en el punto izquierdo del mer. del ET, después el derecho, después punto izquierdo del mer. del riñon, después punto derecho y después el punto del mer. VC. El paciente relata sensaciones por todo el cuerpo sobretodo la región que aparece en la figura arriba. Usar apenas una linea, los más experientes en diagnósticos pueden usar 2 lineas como máximo, pero pueden surgir efectos colaterales. Caso use 2 lineas, siempre la segunda debe ser aplicada abajo de la primera pero usando 1 linea ya se obtiene excelentes resultados. Los 12 meridianos en las lineas horizontales dividen el cuerpo en 12 secciones.

Los meridianos en el abdomen están en progresión incluyendo Yin Qiao Mo

Dónde se localiza el mer. Yin Qiao Mo? Confieso que no lo localicé en ningún libro. De las decenas de libros que he leído, apenas informan que pasa por el abdomen subiendo. Según mis estudios pasa a 1 sun del VC con sus 12 puntos, que en el abdomen representa la segunda linea del mer. de la VJ en la espalda, que en el dorso tiene 12 puntos también, y se relaciona con los puntos de la primera linea, pero activa más las energías sutiles.

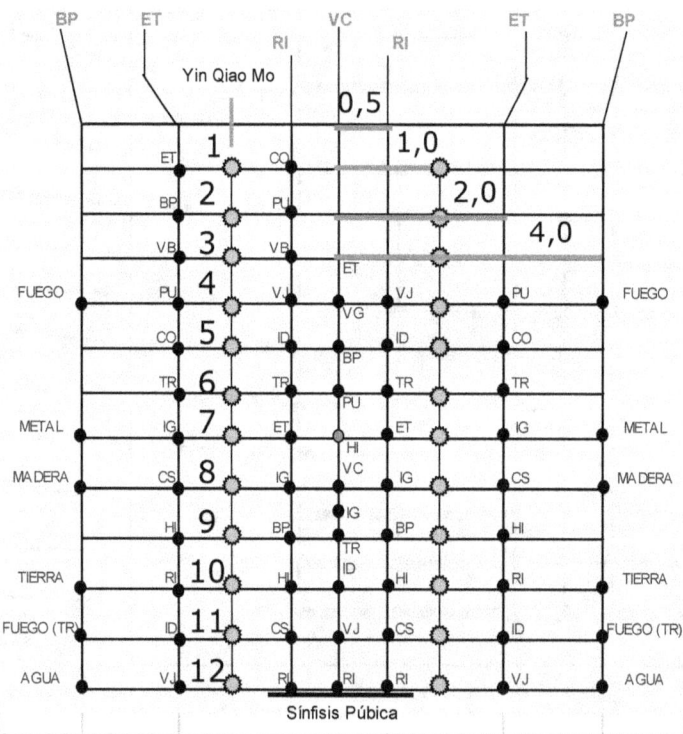

Por lo tanto la 0,5 sun del VC tenemos el mer. del Riñon, a 1 sun el Yin Qiao Mo, a 2 sun el mer. del ET y a 4 sun el mer. del BP. Por lo tanto, a partir del VC los meridianos están en progresión: 0,5, 1, 2, y 4 sun según figura al lado.

El punto 1 revuelve con las energías más sutiles y espirituales ligadas al mer. del CO.

Representa también en el mapa básico abdominal la oreja y el punto 2 el oído. El punto 7 al mer. del ET, el punto 10 al mer. del HI, etc...

Conecciones de las extremidades ligando antebrazo y piernas y conección superior/inferior

Al lado tenemos:

Shao Yin - CO/RI

Tai Yin – PU/BP

Shao Yang – TR/VB

Tai Yang – ID/VJ

Yang Ming– IG/ET

Chue Yin – CS/HI

En el caso del CO/RI, el punto del RI es el R11, peligroso para agujas, se puede usar Apongs, parches, moxas, pocas en el CO y el triple en el punto del RI, o usar agujas de rostro o manos muy finas introduciendo solamente en la piel, 1 o 2 mm y ya da gran efecto.

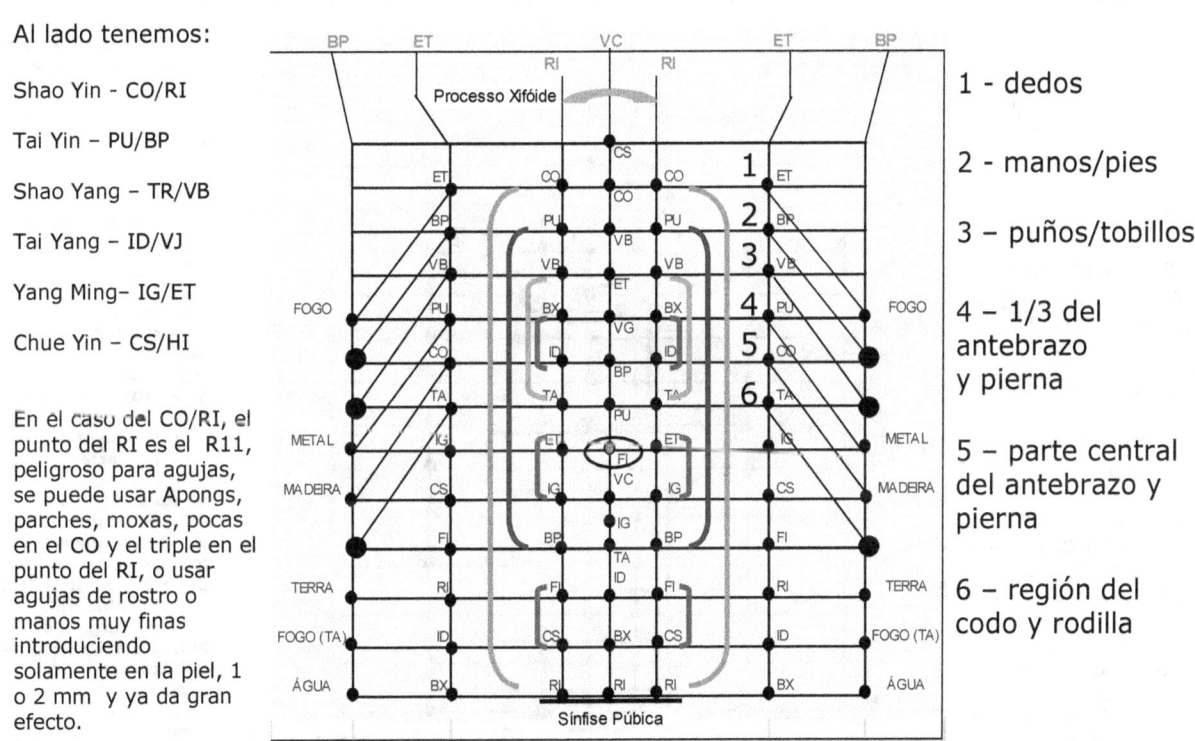

1 - dedos

2 - manos/pies

3 – puños/tobillos

4 – 1/3 del antebrazo y pierna

5 – parte central del antebrazo y pierna

6 – región del codo y rodilla

Recordar que antebrazo es la región de la mano hasta el codo y pierna es de los pies hasta la rodilla. Muslos y brazos no están en las extremidades.

Micro región digestiva en el abdomen. Cabeza y pecho son energía fuego, y CO y PU están en la cabeza, (en la hipertensión estos dos están en exceso generalmente) en la región del cuello notamos los meridianos TR, ID, VJ, y VB en la frontera con la cabeza y ET más abajo en la frontera con el abdomen.

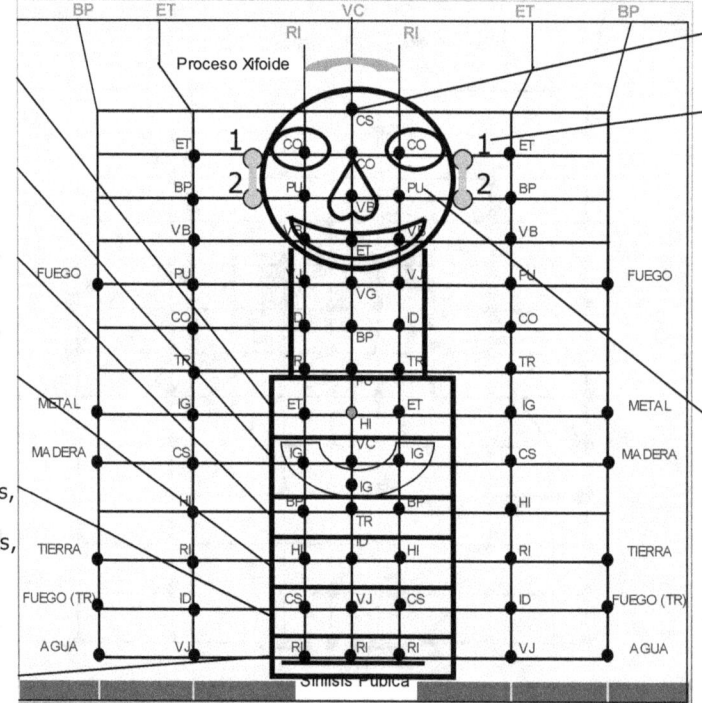

ET con ayuda del HI = madera = ácido clorídrico = digestión.

IG - asimilación y absorción.

BP - transformación y distribución, energía posnatal, sistema imunológico.

ID con ayuda del HI = bilis - absorción, metabolismo de nutrientes.

BX - almacena los productos de los riñones, puntos laterales - producción de hormonas, libido.

Vía de las aguas - útero, próstata (central) testículos y ovarios (laterales) comandados por los Riñones. Procreación.

Bueno para cefaleas en la parte de arriba de la cabeza.

Puntos 1 y 2 del Yin Qiao Mo corresponden respectivamente a 1 - oreja y témporas y 2 - oído.

Este punto corresponde a las mejillas que representan el Pu - si están rojas denotan calor en el Pu. Se puede usar en parálisis facial, sinusitis, asociado al punto de la nariz, etc... Si tiene muchas espinillas muestra toxinas en el IG, que pueden afectar el Pu y dejarlo vulnerable, pues son órganos hermanos. Los puntos que corresponden a la nariz y boca son usados para problemas en estos locales como nariz tapada, aftas, gengivitis, etc...

Pa Kua posnatal en el abdomen - Un enfoque terapéutico

RIQUEZA Y PROSPERIDAD

Fuego y agua son opuestos y complementares, fuego tiene más yang y yin en el centro y agua es el opuesto, equilibran lo alto y bajo del organismo. Viento y cielo son yang y armonizan el yang. Tierra y montaña son yin y sirven para armonizar el yin. Trueno y lago son también complementares y lago más yang y trueno más yin y equilibran los lados derecho e izquierdo del cuerpo.

ÉXITO Y FAMA — FUEGO

AMOR Y MATRIMONIO — Tierra

VIENTO

Proceso Xifoide

SALUD Y FAMILIA — TRUENO

CREATIVIDAD Y HIJOS — LAGO

CONOCIMIENTO Y ESPIRITUALIDAD — MONTAÑA

AGUA — **TRABAJO Y CARRERA**

CIELO — **AMIGOS Y VIAJES**

Sínfisis púbica

Observación: la distancia en sun entre el ombligo y el proceso xifoide es generalmente menor que la distancia en sun del ombligo hasta la sínfisis del pubis.

Esquema de secuencia de puntos incluyendo puntos extras = 108 puntos y tortuga en el abdomen

El elemento agua tiende a quedar en la parte inferior, la naturaleza del agua es bajar y nutre la madera que se extiende para arriba y para los lados que genera el fuego, que cuando quema y hay humo genera residuos siempre que son elemento tierra que tienden a concentrarse (como nubes en el cielo que cargan electricidad, como los hilos eléctricos que son metal) y en extremo de la concentración generan agua, como exprimir una naranja que la contracción genera líquidos (agua) que genera madera. El llamado ciclo del agua es una secuencia de 5 elementos. Como en la foresta en que la lluvia (agua) hace con que nazca la vegetación (madera), su umedad sube bajo la acción caliente del sol (fuego) pero la madera seca bajo la acción del sol y viento y genera quemadas en la foresta y sus cenizas (tierra) se depositan en el suelo y con el tiempo se concentran (metal). Al lado vemos puntos extras representando los 5 elementos en la parte más central del abdomen.

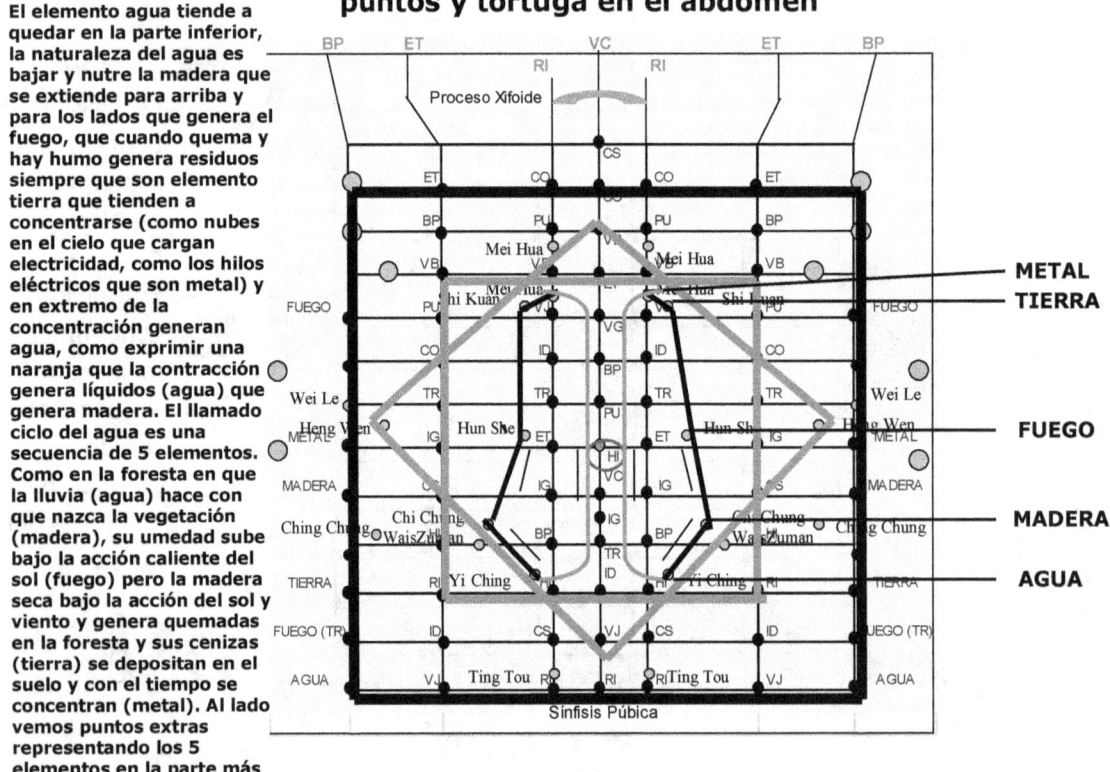

Cuadrado mágico en el Abdomen

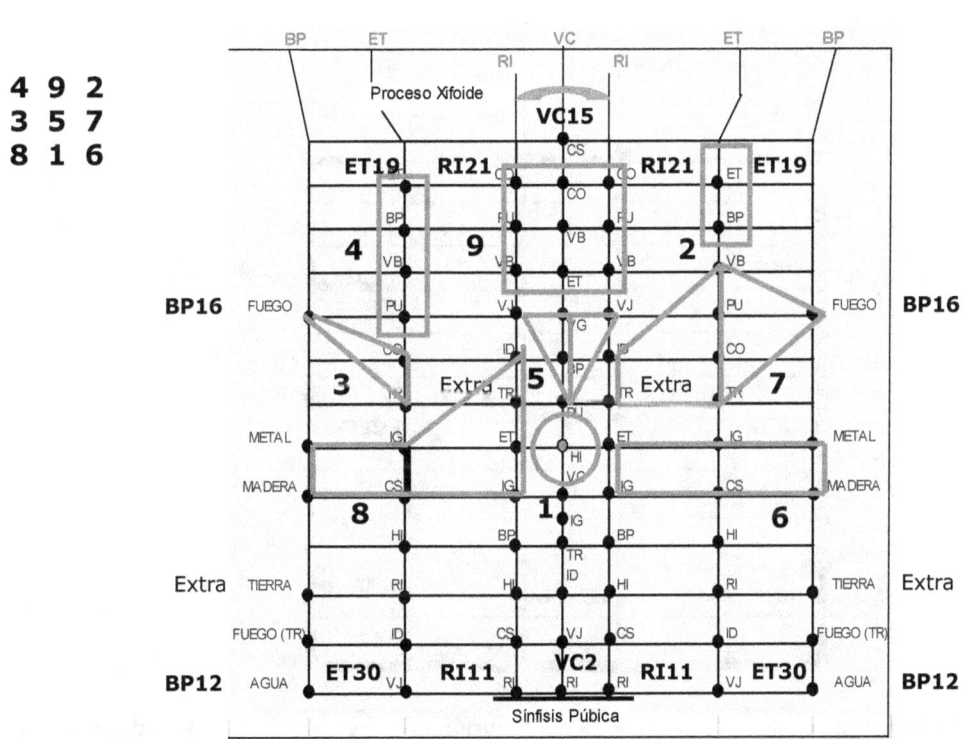

Toda suma en cualquier dirección da siempre 15. Se forman figuras geométricas diversas: círculo, triángulo, cuadrado, rectángulo y trapecio y tienen que ver con las 8 direcciones y el centro, y con la construcción del universo.

Pa Kua prenatal en el abdomen

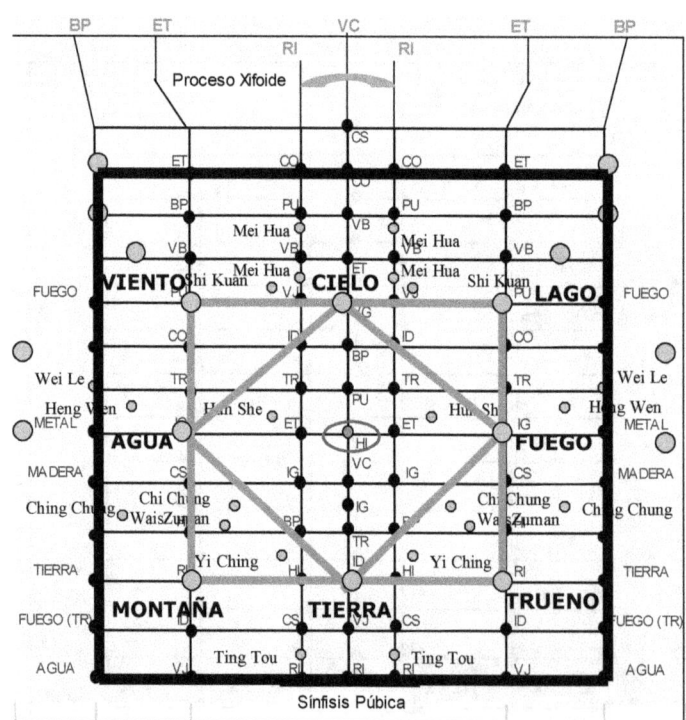

El punto VC4 es exactamente donde empieza la vida del embrión que crecerá en espiral, y después de diversos giros estará listo para nacer con la cabeza en la dirección del punto VC2 (que es donde se hace incisión para la cesárea, linea del agua, vide mapa de los meridianos en la horizontal) después de haber pasado por 9 meses que corresponden a los 8 trigramas más el centro = 9.

Las Doce Constelaciones Zodiacales en el Abdomen

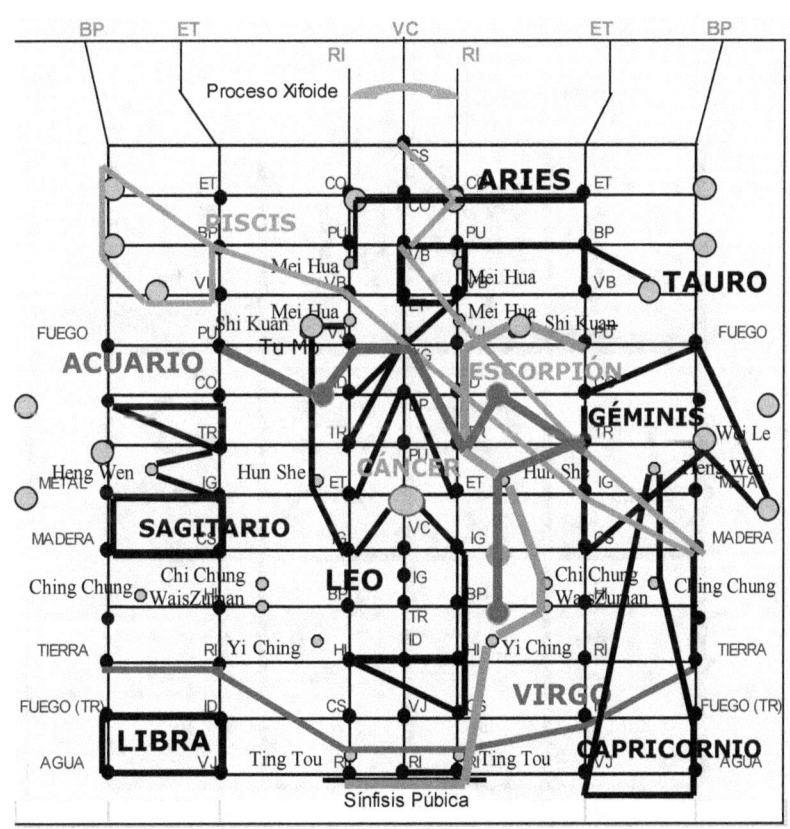

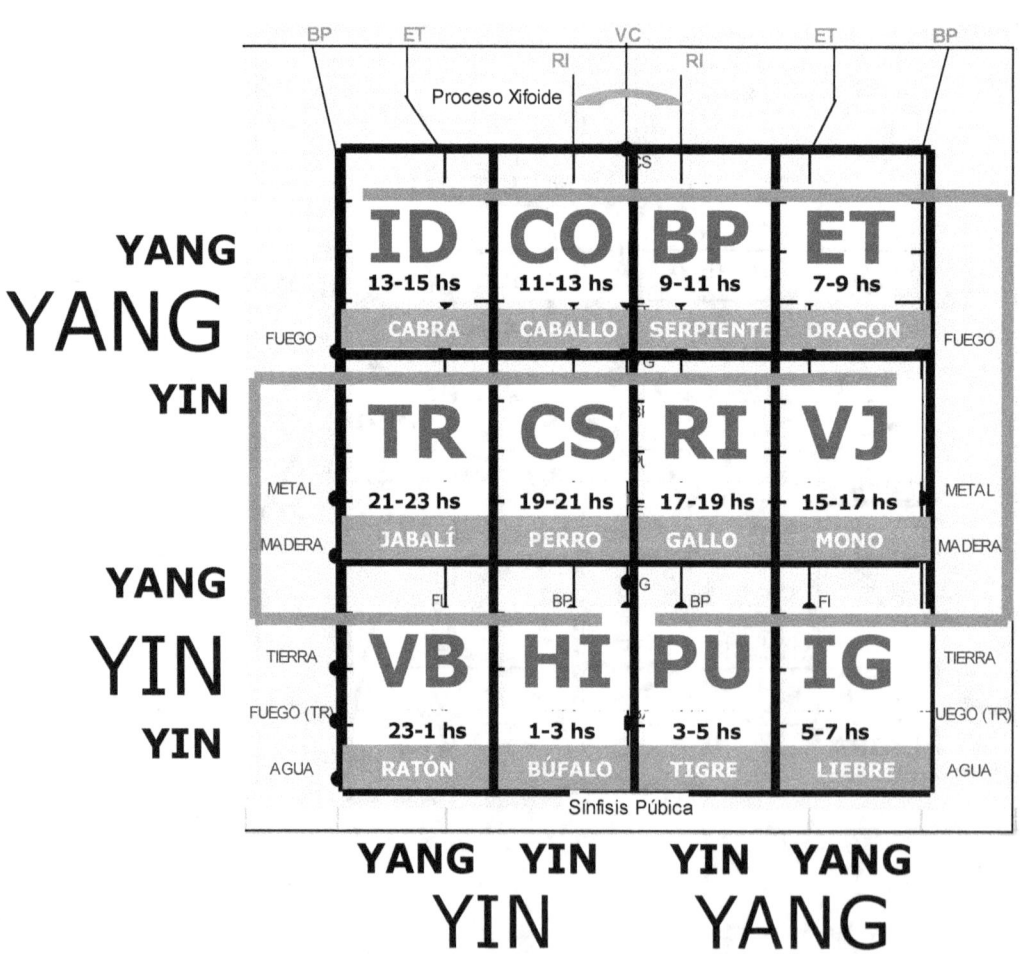

Meridianos, horarios y animales del horóscopo chino en el abdomen

7 sectores que representan los 7 sentimientos peligrosos, los 7 discernimientos, las 7 notas musicales, los 7 colores, etc.

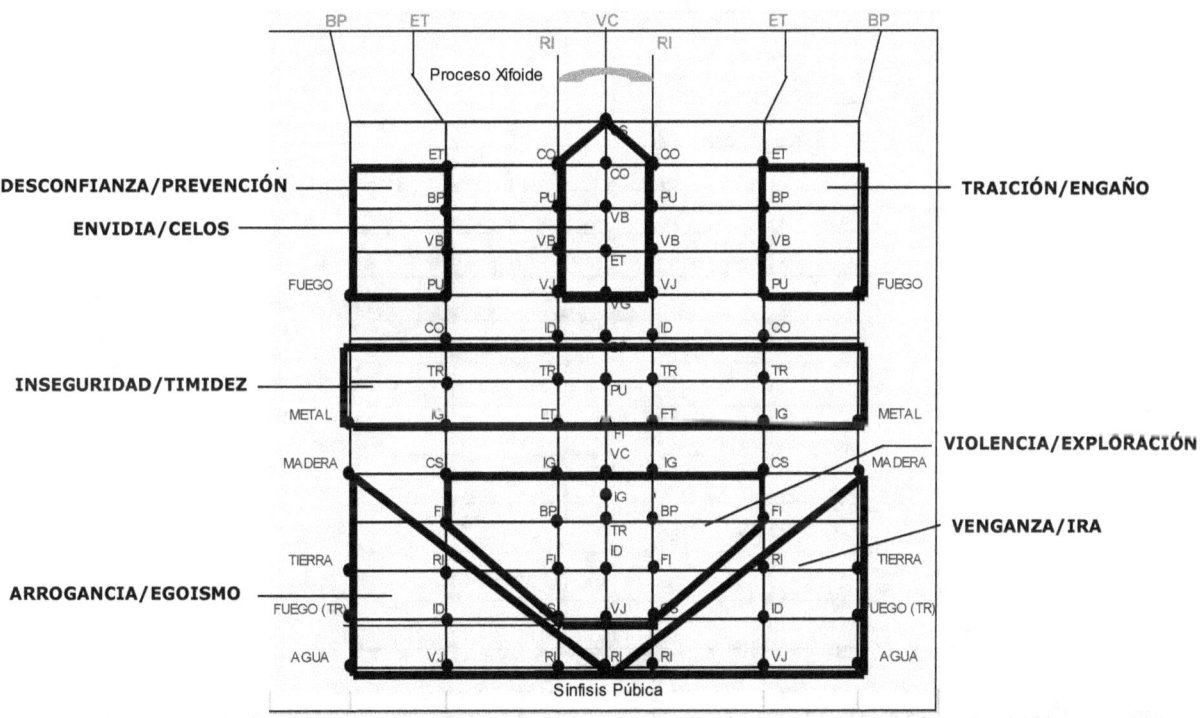

Nuestros órganos pueden sufrir agresiones por el descontrol de las emociones que en exceso pueden desequilibrar nuestros elementos: Rabia agrede elemento madera, miedo elemento agua, tristeza agrede metal, alegría en exceso agrede fuego, preocupación en exceso agrede tierra. Además de las emociones existe también el descontrol de los sentimientos que pueden perjudicar la vida y la salud, como podemos verificar en el mapa arriba. Siempre que hay esos descontroles de las emociones y de los sentimientos hay también un desequilibrio alimentar, y traumas psíquicos muchas veces embrionarios mal resueltos.

108 puntos más usados en ese sistema, el número 108 tiene gran significado para los taoístas pues el número de mayor energía es 9 y   9 x 12 que es el número de unión funcional = 108, por cierto en todos los múltiples de 9 la suma de los algarismos da 9, ej: 9 x 8=72 y 7+2=9, 9x234=2106 y 6+1+2=9, 9x177=1593 y 1+5+9+3=18 y 8+1=9 tal vez esta es la mágica de los dizimos pues de cada 10 que tienes da 1 a quien necesita, queda con 9 y no queda con el vacío del cero, queda con la constancia 9.

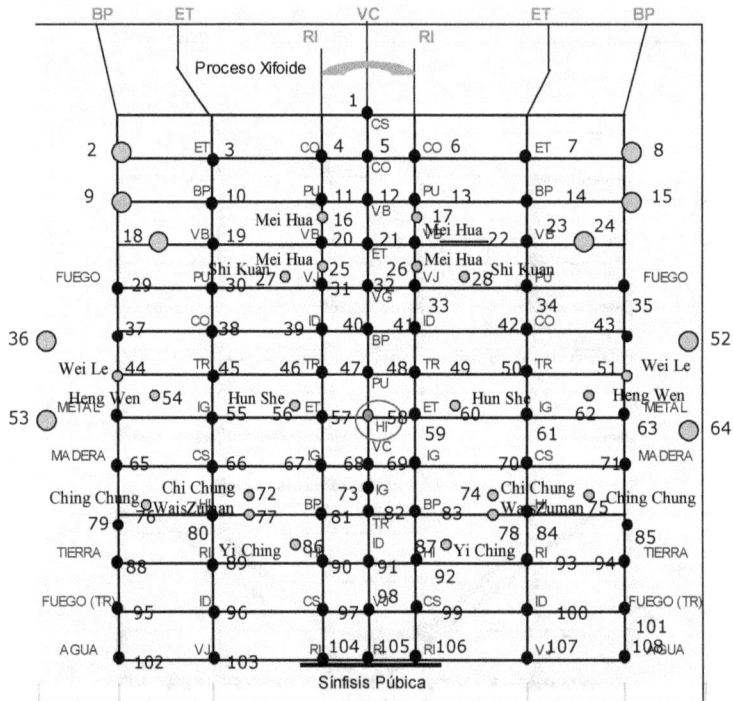

Incluso donando el 1% para los más necesitados queda con 99 y 9+9=18 y 1+8=9 ya elimina el vacío del cero, y llenas el pecho con una buena sensación de ayuda al prójimo. Recordemos que las personas sufren en la vida porque no ven el mundo espiritual que camina en paralelo a este mundo, ni se dan cuenta que el mundo material es ilusorio y que el mundo invisible es el que es verdadero, el que mantiene nuestra vida, nuestra bioquímica funcionando es lo invisible, recordemos que yin en la superficie, yang en profundidad y cuanto mayor es la frente mayor es el verso...

Los 64 hexagramas del I Ching en el abdomen

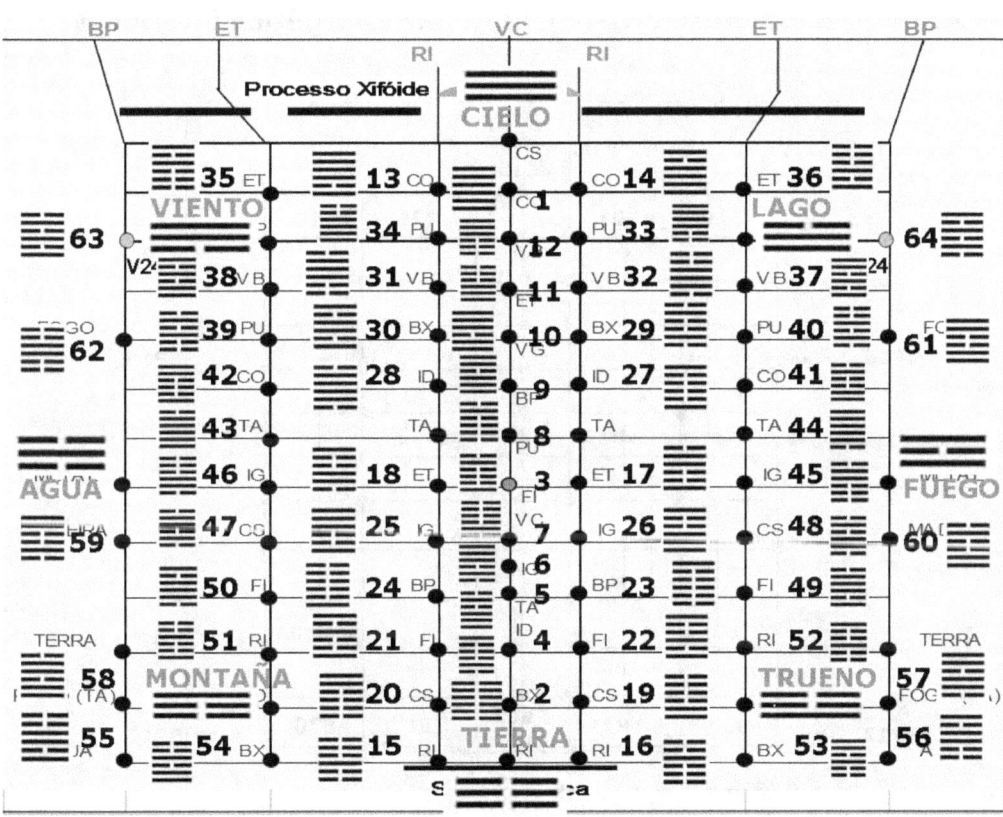

El I Ching, libro de la sabiduría, para el pueblo chino tiene un valor supremo y este mapa fue uno de los que más exigió estudio, y al consultar el oráculo se puede usar el punto correspondiente al hexagrama del I Ching en el abdomen, y si hay un segundo hexagrama oriundo de las transformaciones de las lineas 6 y 9, se usa un punto para el primero hexagrama y un punto para el segundo. Muchos filósofos en el oriente pasaron muchos años de vida estudiando I Ching pues es un estudio muy profundo y de gran conocimiento de la vida y de las relaciones humanas.

Armonización entre órganos para paz energética interior I

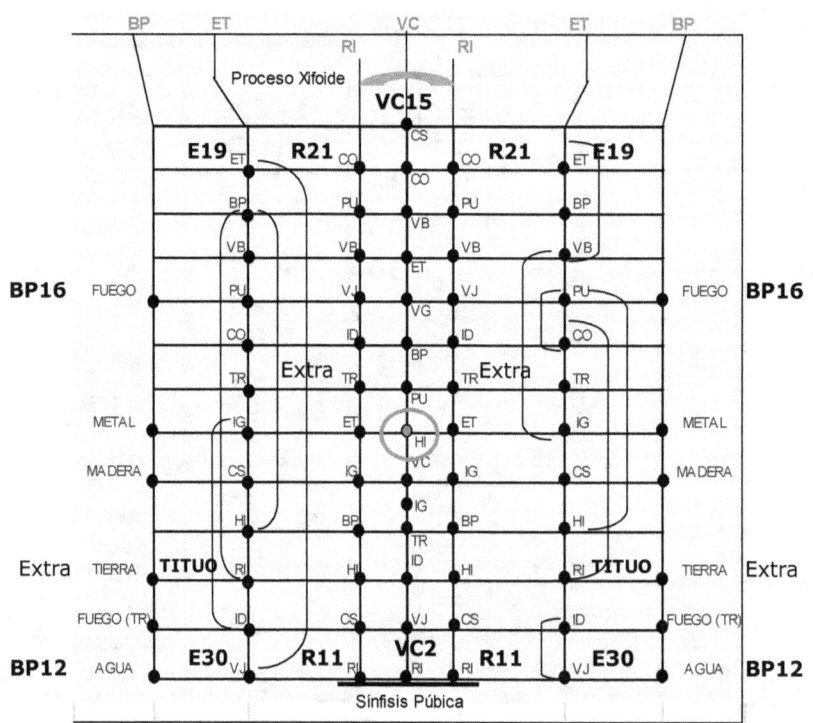

Armonización entre órganos para paz energética interior II

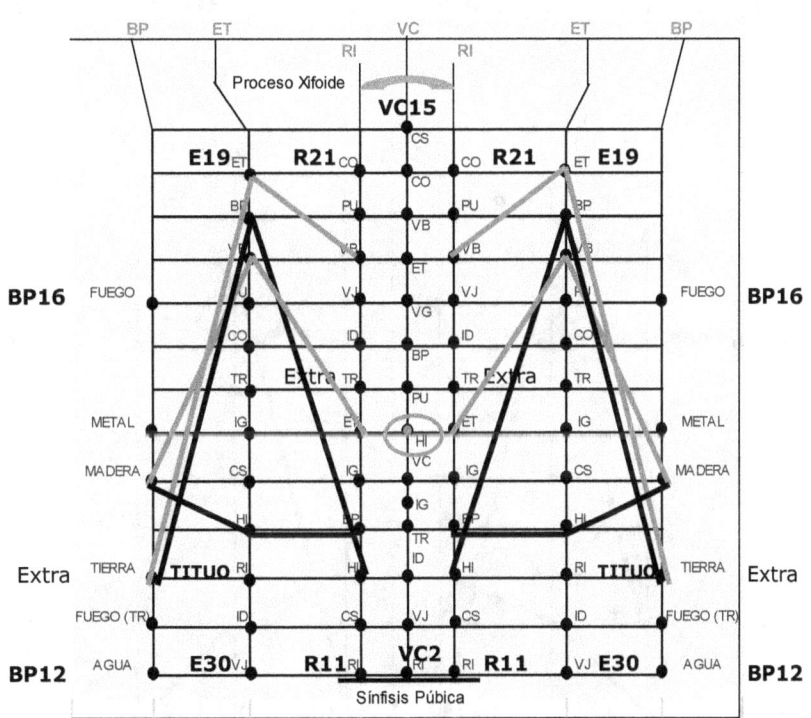

Armonía entre Madera y Tierra Yang en gris y
Madera y Tierra Yin en negro

Armonización entre órganos para paz energética interior III

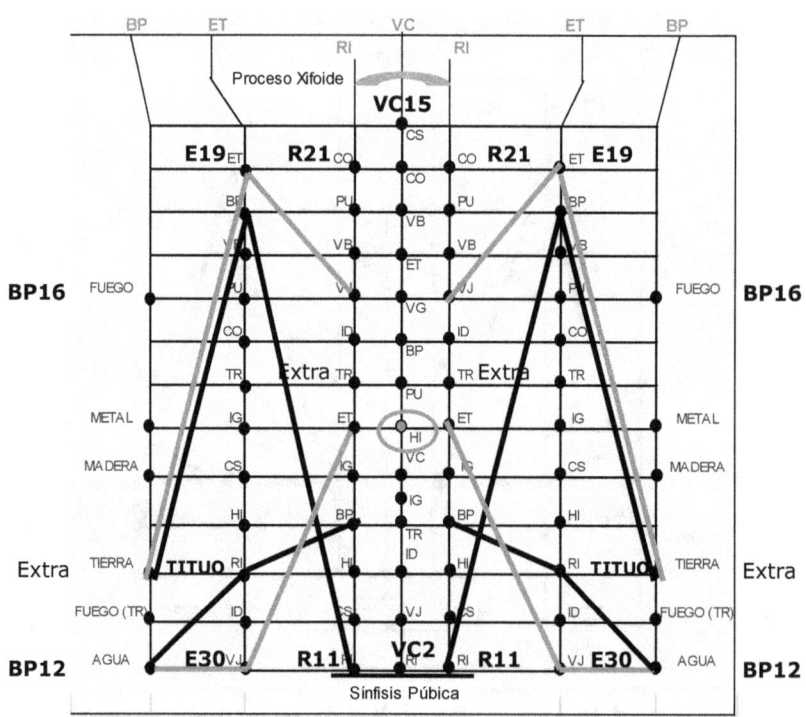

Armonía entre Tierra y Agua Yang en gris y
Tierra y Agua Yin en negro

Armonización entre órganos para paz energética interior IV

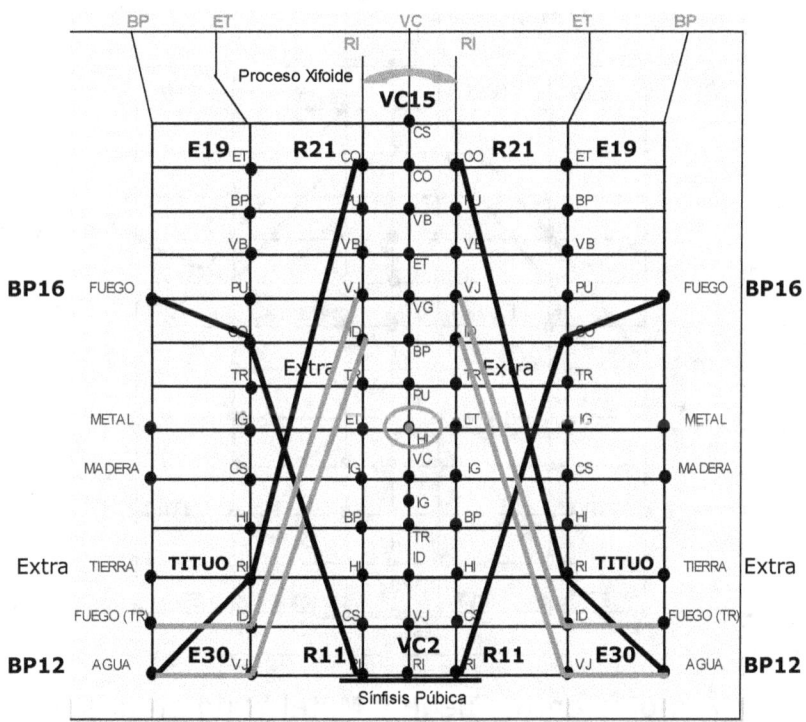

Armonía entre Agua y Fuego Yang en gris y
Agua y Fuego Yin en negro

Armonización entre órganos para paz energética interior V

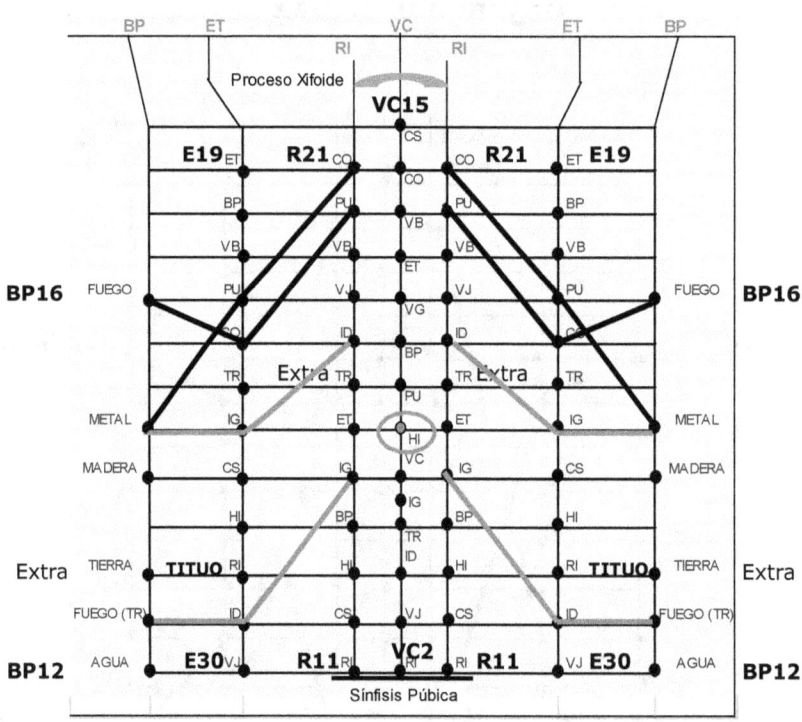

Armonía entre Fuego y Metal Yang en gris y
Fuego y Metal Yin en negro

Armonización entre órganos para paz energética interior VI

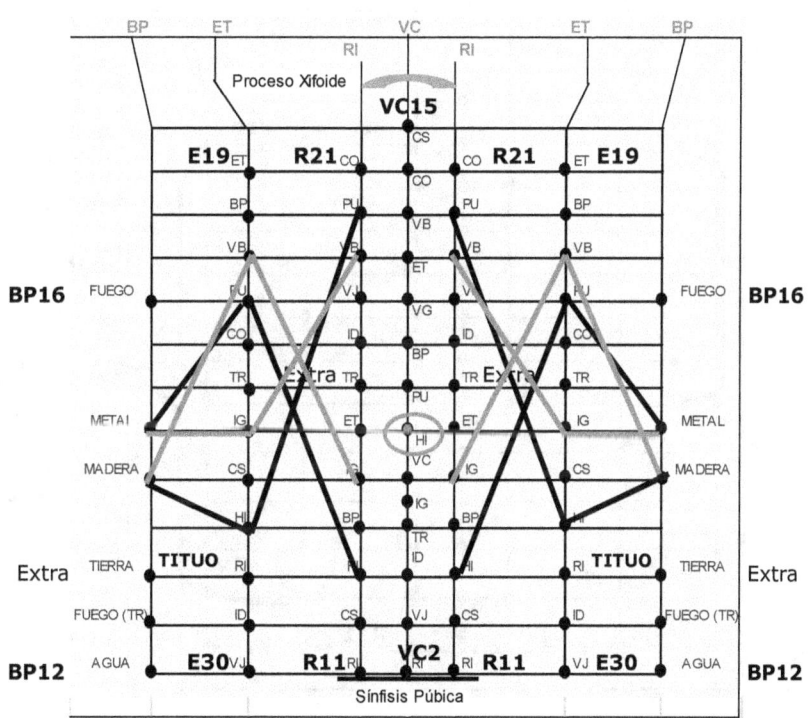

Armonía entre Metal y Madera Yang en gris y
Metal y Madera Yin en negro

Tonificación y sedación con base en los 5 elementos usando abdomen.
Notemos que los puntos de 5 elementos se localizan en los brazos y
piernas y en el abdomen también están en las áreas de brazos y piernas.

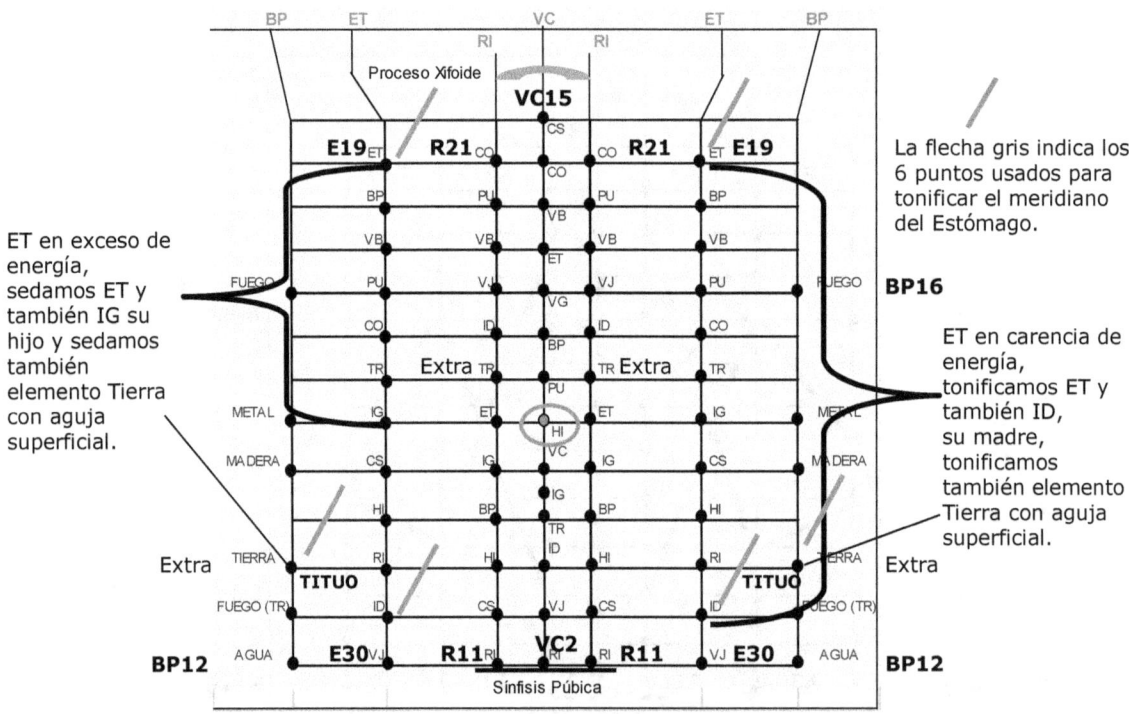

En este ejemplo, percibimos como tonificar y sedar el meridiano del Estómago usando la técnica clásica de 5 elementos en el abdomen, en esta técnica se usan 6 agujas para eso pues tanto en la tonificación como en la sedación se usan los puntos bilaterales de los meridianos.

Un ejemplo más de tonificación y sedación usando 5 elementos en el abdomen.
En este ejemplo usaremos los puntos para sedar el meridiano del Pulmón (PU).

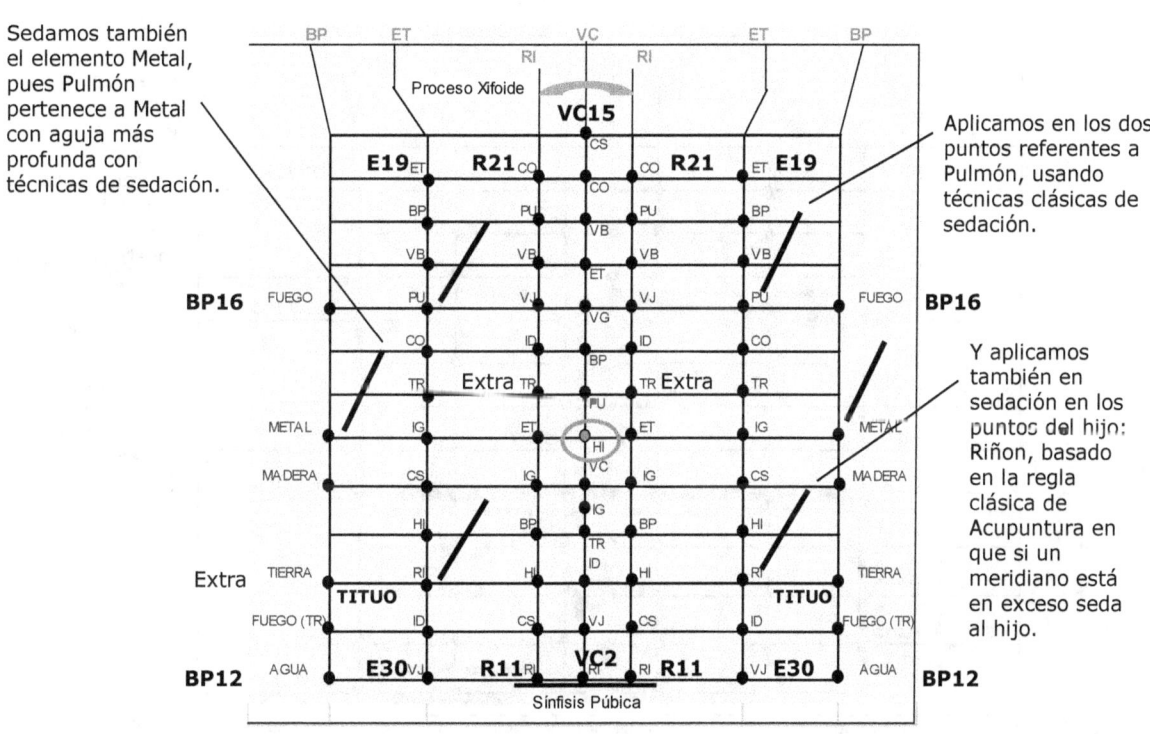

Sedamos también el elemento Metal, pues Pulmón pertenece a Metal con aguja más profunda con técnicas de sedación.

Aplicamos en los dos puntos referentes a Pulmón, usando técnicas clásicas de sedación.

Y aplicamos también en sedación en los puntos del hijo: Riñon, basado en la regla clásica de Acupuntura en que si un meridiano está en exceso seda al hijo.

Aquí percibimos una relación con la pulsología y el símbolo sagrado del budismo – **MANJI**

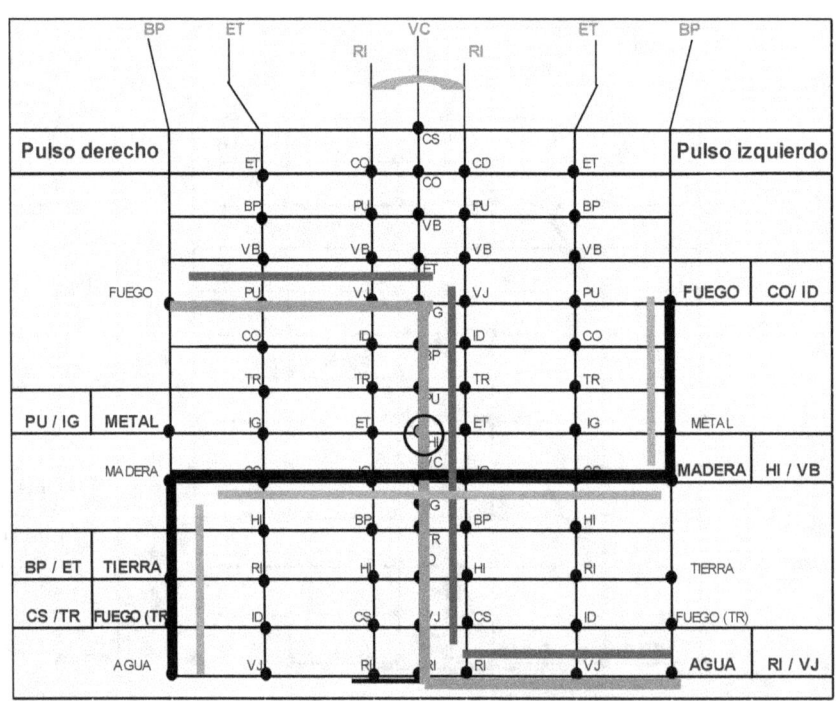

Manji 卍 no es swástica 卐 es exactamente el opuesto, es un símbolo sagrado muy antiguo.
Un péndulo mostrará que la swástica gira en el sentido anti-horario (desarmonía) y Manji gira en el sentido horario (armonía).

Tenemos aquí el símbolo sagrado del Budismo, Manji, que simboliza armonía, amor y paz (Visnu, Dios hindú de la armonía). Para algunas lineas del Budismo simboliza Satori, la iluminación. Por favor no invertir la forma, sino cambia de polaridad y eso significa guerra y destruicción (Siva, Dios hindú de la destruicción). Este símbolo invertido (swastica) fue usado en la guerra. Lo mismo vale para otros símbolos sagrados que si invertidos también invierten su significado. Es una cuestión de Yin y Yang. Las flechas muestran el sentido del masaje equilibrante usando este símbolo en el abdomen. Hacer primero el trayecto Yin en gris algunas veces enseguida el trayecto Yang en negro.

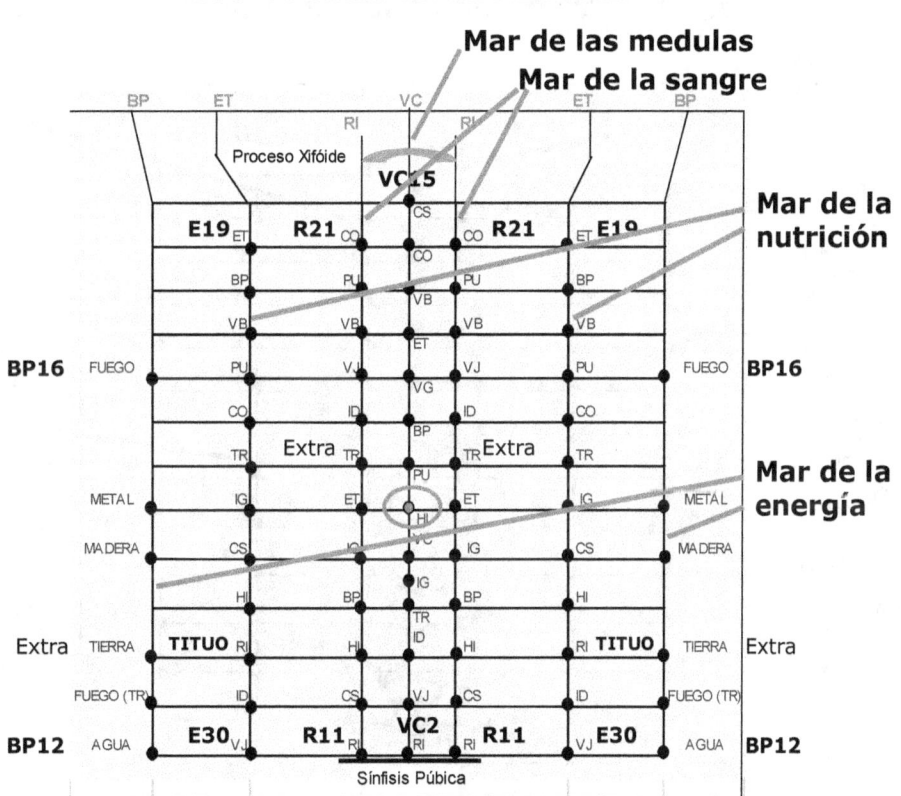

LOS 4 MARES EN EL ABDOME

La linea central (VC) corresponde al mar de las medulas, usada para tratar problemas en la medula, riñon, columna y enfermedades relacionadas, el segmento del meridiano del riñon en el abdomen para enfermedades de la sangre, hepatomegalia, esplenomegalia, etc..., el mar de nutrición, parte del meridiano del ET en el abdomen, para tratar problemas en el aparato digestivo en general, y mar de energía, en la parte más externa (yang) del abdomen sirve para tratar desequilibrios energéticos, y es donde se trata por el pulso en el abdomen, vide mapa de los pulsos en el abdomen.

Columna vertebral y región de la espalda en el abdomen

En el abdomen, la columna vertebral está representada por el meridiano VC, pero está en una proporción invertida pues el segmento cervical que es una pequeña parte en la columna, ocupa en el abdomen la mitad superior del abdomen y la otra mitad están las regiones torácica, lombar, sacral y coccigea.

Por la teoría de la Acupuntura se aplica primero en la parte de frente, después espaldas por lo tanto algias agudas en la región posterior del cuerpo, después de aplicar en el abdomen en las respectivas áreas reflejas ya mejora o se obtiene alivio para el paciente conseguir girarse y quedar en decúbito ventral para recibir más aplicaciones en el local del dolor en la región posterior del cuerpo.

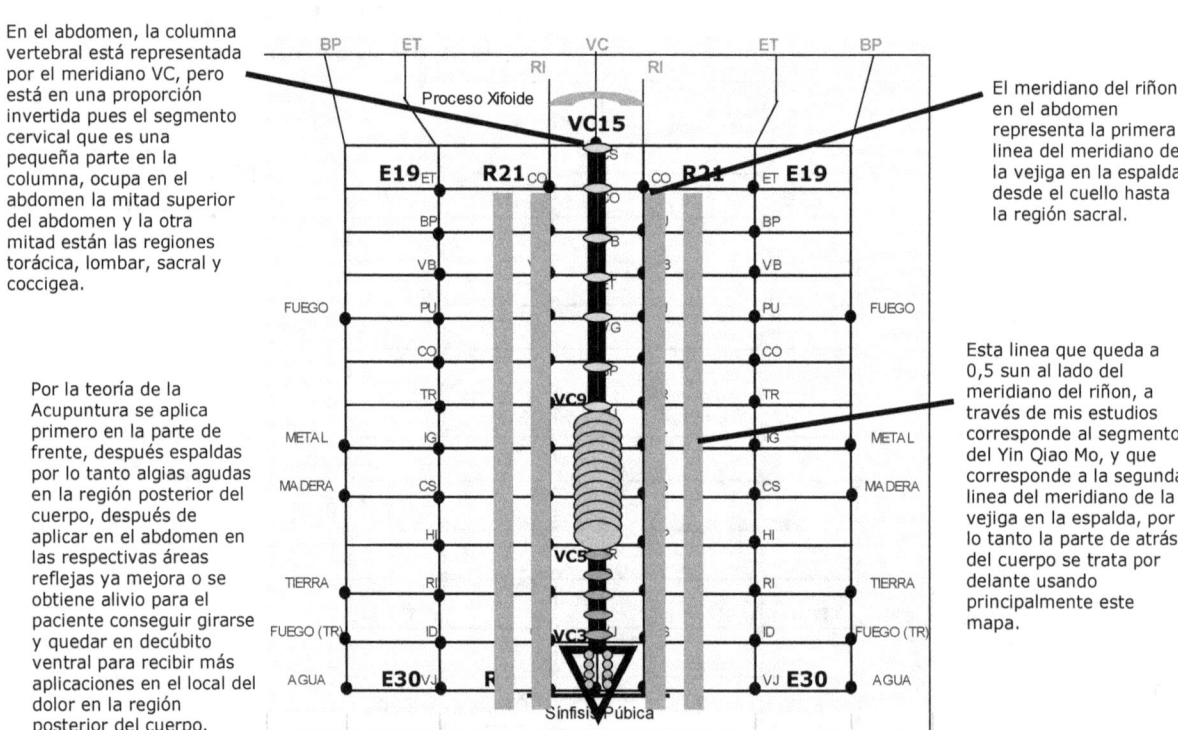

El meridiano del riñon en el abdomen representa la primera linea del meridiano de la vejiga en la espalda desde el cuello hasta la región sacral.

Esta linea que queda a 0,5 sun al lado del meridiano del riñon, a través de mis estudios corresponde al segmento del Yin Qiao Mo, y que corresponde a la segunda linea del meridiano de la vejiga en la espalda, por lo tanto la parte de atrás del cuerpo se trata por delante usando principalmente este mapa.

La columna cervical de la 1 a la 7 vértebra en el abdomen va del punto VC15 al VC9, la torácica del punto VC9 al VC5, región lombar del VC5 al VC3, región sacral del VC3 al VC2 y coccix del punto VC2 y un punto abajo del VC2.

Diagrama oriundo de la Kabala en el abdomen que representa las 10 dimensiones o árbol de la vida

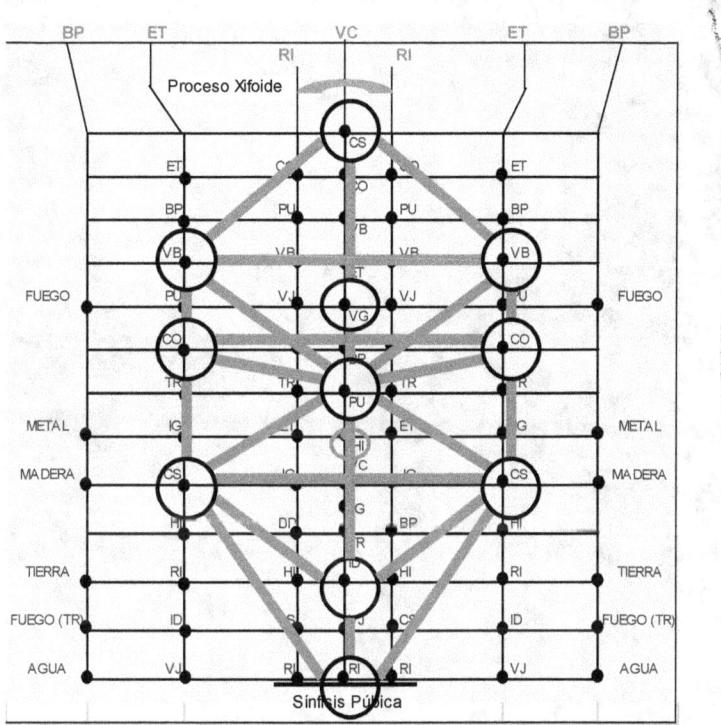

Cierto día un conocedor de Kabala, me enseñó este diagrama y me dijo que el círculo superior corresponde al espiritual y el círculo inferior al material, inmediatamente me acordé de los puntos VC15 - espiritual - yang y VC2 - material - yin. Se podría pesquisar, relacionar y extraer muchos conocimientos interesantes sobre el ideograma arriba...

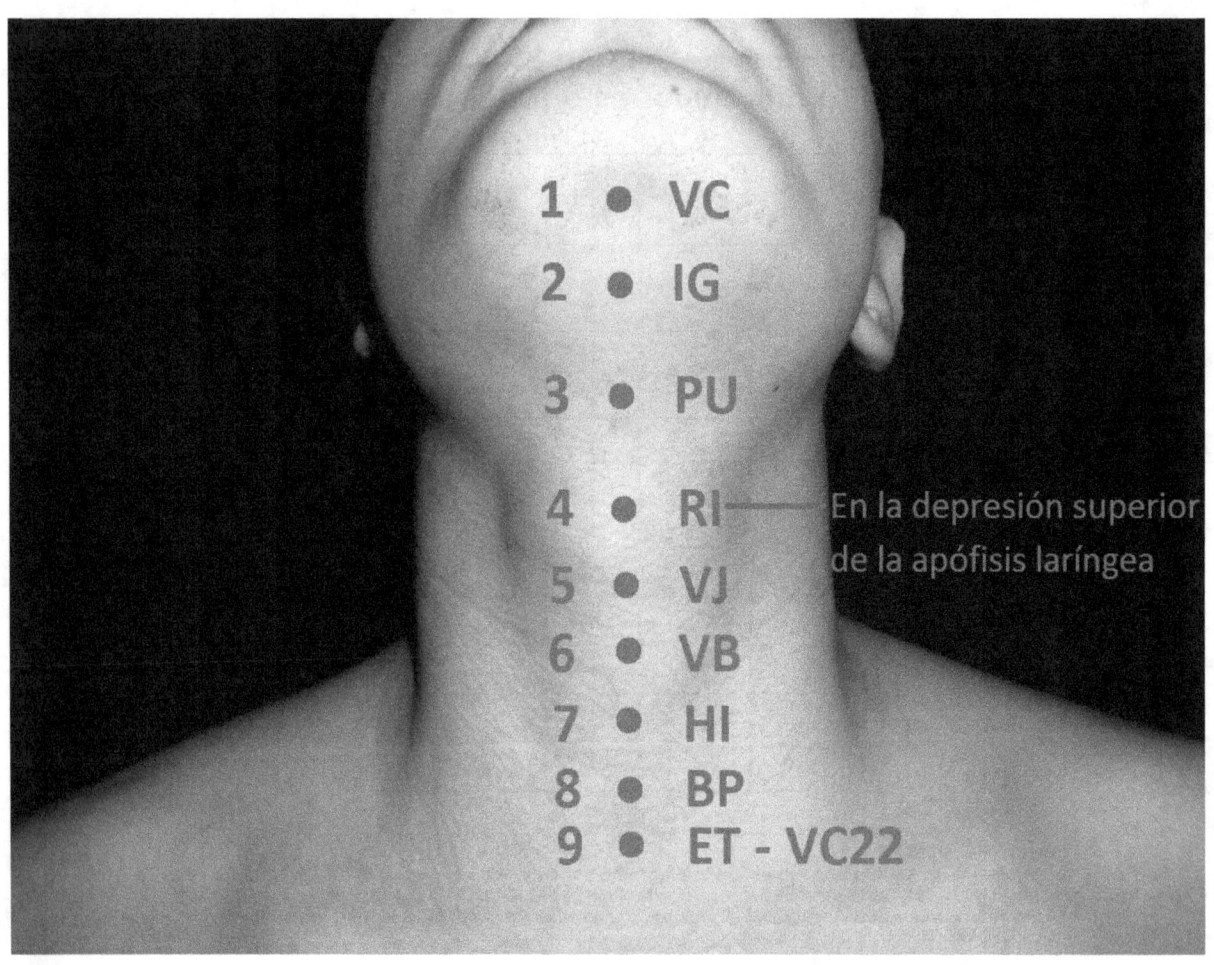

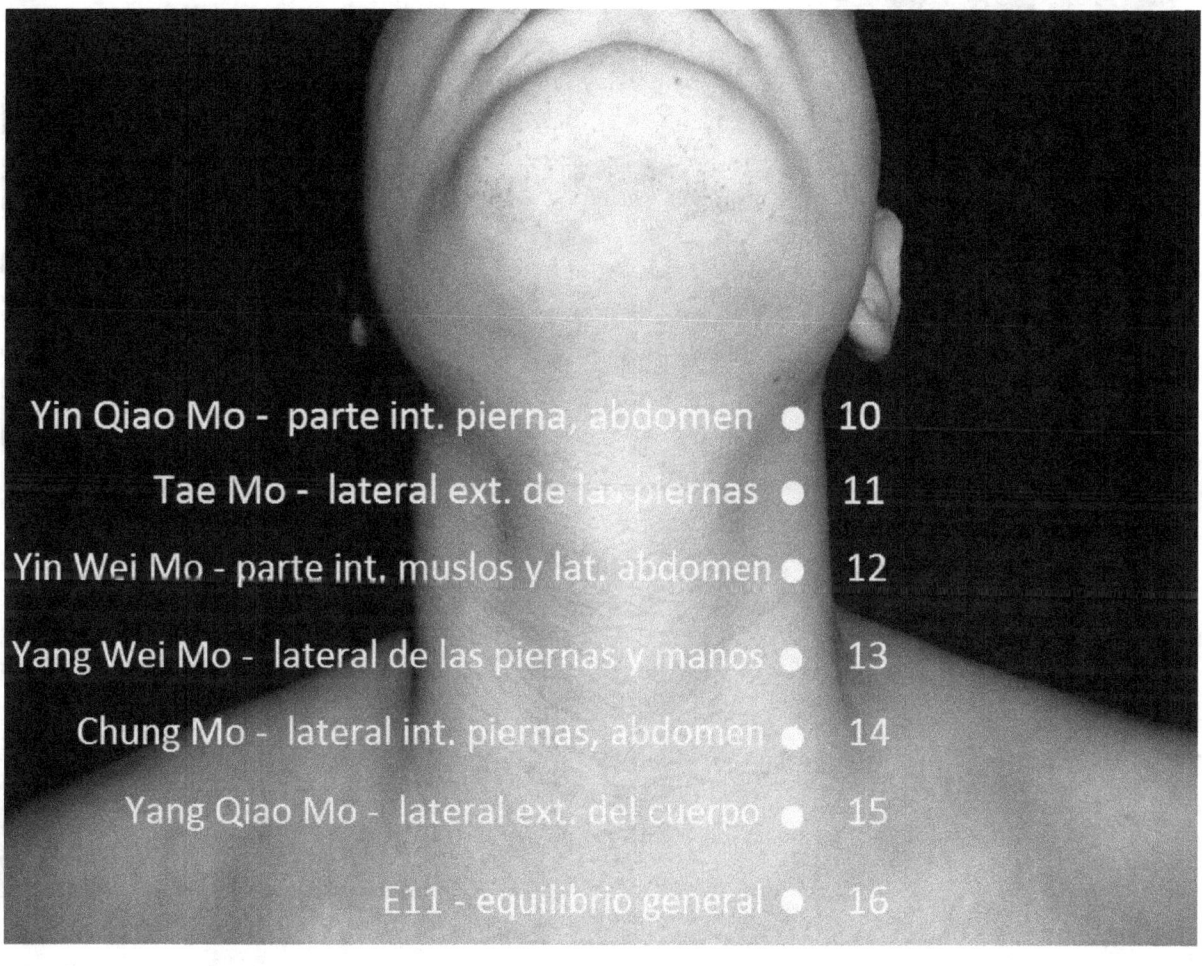

- Yin Qiao Mo - parte int. pierna, abdomen — 10
- Tae Mo - lateral ext. de las piernas — 11
- Yin Wei Mo - parte int. muslos y lat. abdomen — 12
- Yang Wei Mo - lateral de las piernas y manos — 13
- Chung Mo - lateral int. piernas, abdomen — 14
- Yang Qiao Mo - lateral ext. del cuerpo — 15
- E11 - equilibrio general — 16

- Punto extra Yi Ming abajo del proceso mastoide.

Laterales: rostro hasta cadera ● 17

Cuello der.atrás/izqu.frente ● 18

Brazos ● 19

Pies ● 20

Hombros incluso articulaciones ● 21

Codo y manos ● 22

Intestinos: izqu.ID der.IG al reto ● 23

E12 = BP - der.páncreas/izqu.bazo ● 24

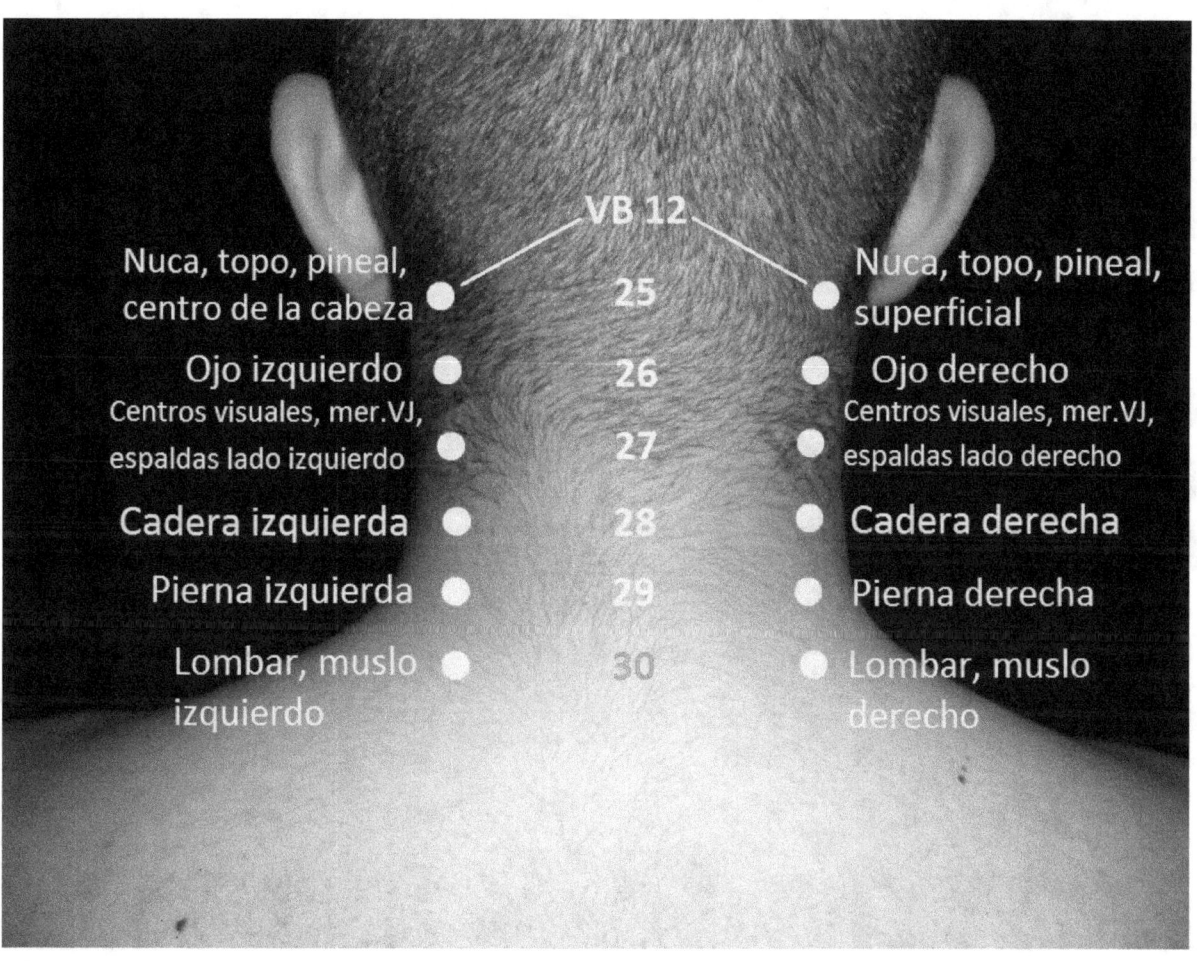

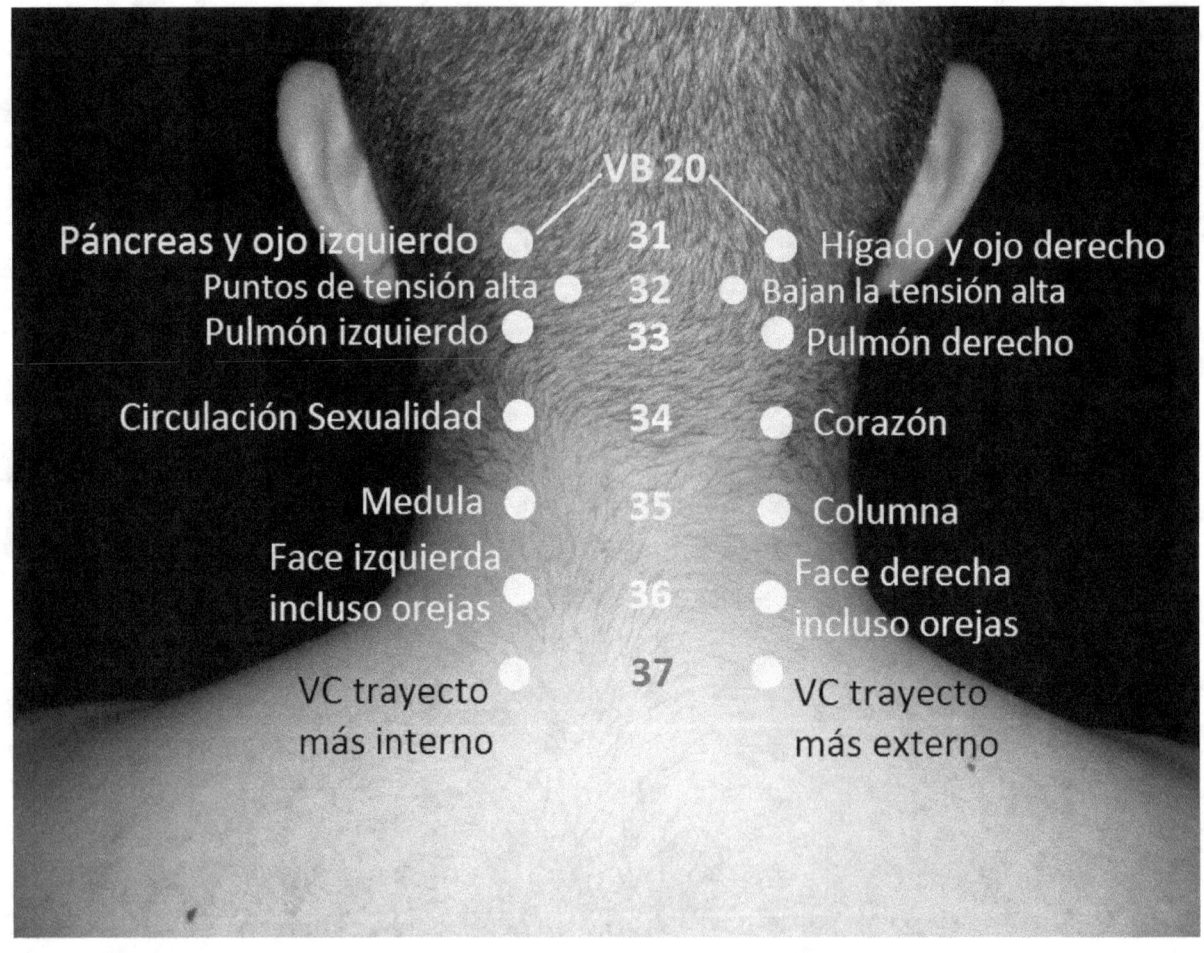

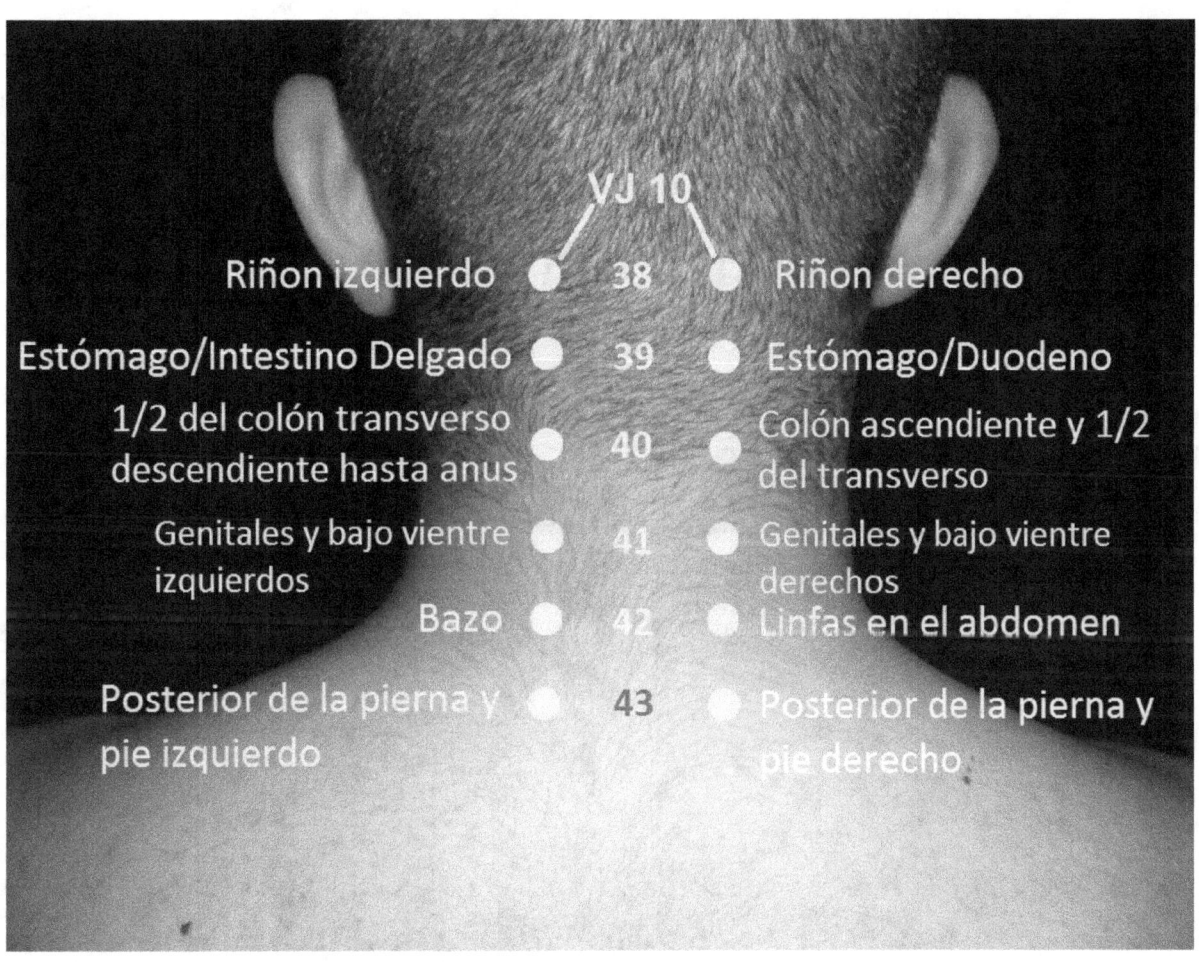

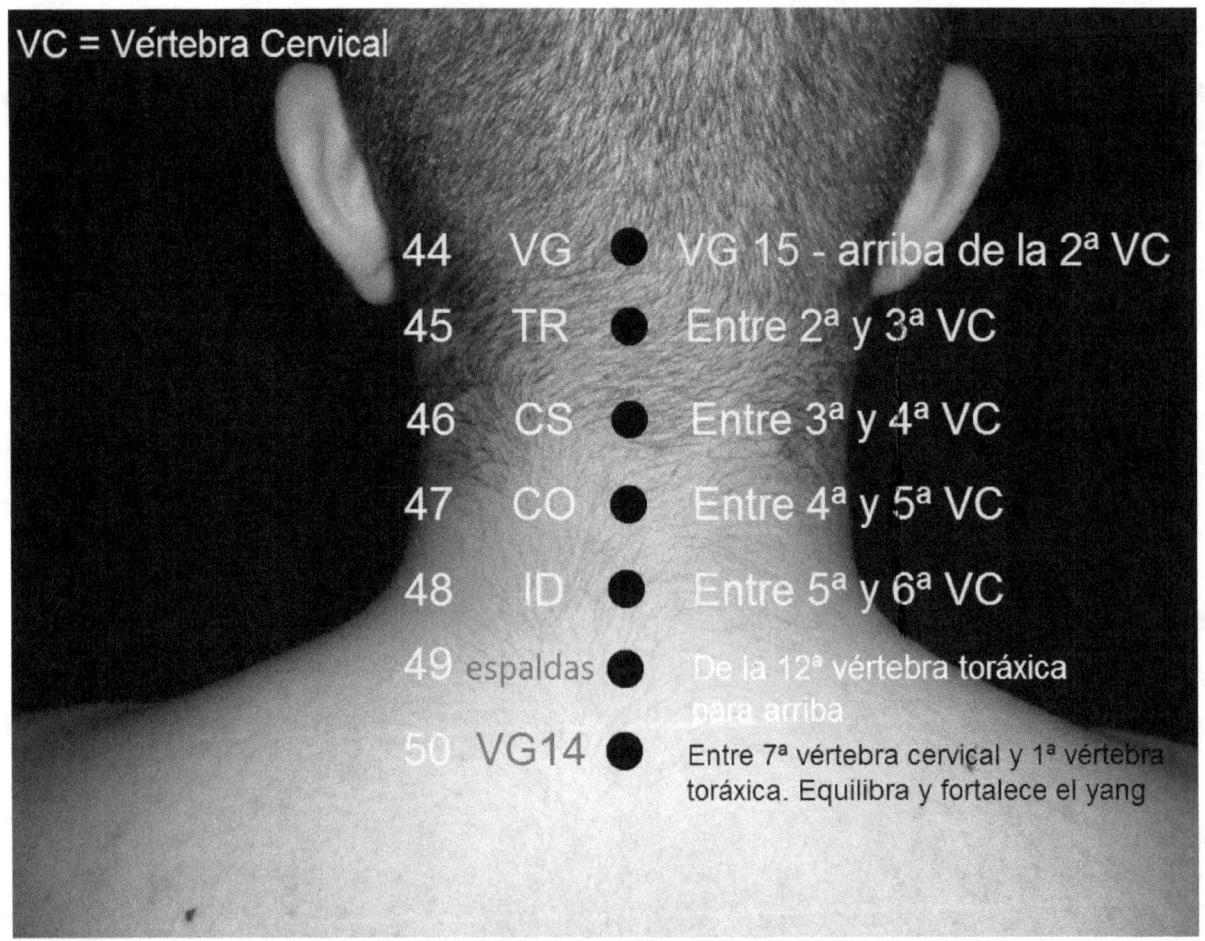

www.ingramcontent.com/pod-product-compliance
Lightning Source LLC
Chambersburg PA
CBHW080949170526
45158CB00008B/2427